戦艦「大和」全写真

原 勝洋 編

潮書房光人新社

戦艦「大和」左舷の全貌。「真の巨艦の航行する姿を、今日初めて見た。さすがだ。大勢力を加えることになって、喜ばしき次第だ。できるだけ早く、その威力を発揮できる様に育て上げねばならぬ」聯合艦隊参謀長宇垣纏少将は自身の日記「戦藻録」に記した。1941（昭和16）年10月30日、宿毛湾沖で全力公試運転中の撮影（速力27.3ノット）。基準排水量64,000t（計画時）、全長263m、最大幅38.9m、海面から前檣楼トップまでの高さは約40m、定員2,250人

1942（昭和17）年7月26日、伊予灘沖での大和型戦艦「武蔵」後部主砲塔の発射シーン。口径46cm、世界最大の艦載砲の低速状態での発射試験の様子で、弾丸が砲身を飛び出た瞬間の速力は初速780m/秒（マッハ2.3）。砲熕公試は装備発射及び方位発射の際に搭載物件を定位置に搭載後、施行された〈永橋為茂氏遺族提供〉

〈写真提供〉

佐野純弘
永橋為茂遺族
株式会社 セレブロ
原 勝洋
大和ミュージアム
「丸」編集部
U. S. National Archives Ⅱ

（敬称略）

戦艦「大和」全写真

目次

第5部　広島湾の戦い（1945年）

付録

第1部

沖縄海上特攻 天一号作戦（1945年）

なぜ、戦艦「大和」は沖縄に向け無謀な突入作戦を敢行したのか。

1945（昭和20）年4月5日、天一号作戦海上特攻隊は、「1YB第１遊撃部隊（大和・矢矧・駆逐艦×6）は海上特攻兵力として8日黎明沖縄突入を目途とし急速に出撃準備を完成すべき」との電令に接した。

その１時間後、海上特攻隊の沖縄泊地突入は8日黎明と決定した。その背景は4月1日に米軍が沖縄本島に上陸したことにあった。敵は既に沖縄島北及び中飛行場地区に約３個師団を揚陸、後続部隊の揚陸を続行中。聯合艦隊は好機に乗ずる敵機動部隊及び攻略部隊に対する攻撃を続行しつつX日を期し航空攻撃を沖縄泊地に指向する。海上特攻隊はY-1黎明時豊後水道出撃Y日（8日）黎明時沖縄西方海面に突入、敵上陸艦艇並びに輸送船団を攻撃撃滅すべし、と命ぜられたのだ。司令長官伊藤整一中将は言った。「我々は死に場所を与えられた」こうして「大和」は沖縄陸軍32軍の総反撃、全力をもってする航空特攻に相呼応して海上特攻として出撃することになった。

一方、米軍は4月5日の日本海軍暗号電報の傍受・解読から日本陸海軍総攻撃を知った。さらに、海上特攻隊出撃や燃料補給に関する暗号電をも解読、攻撃機329機（内7機途中帰艦）を出撃させたのであった。

出撃当日の「大和」 1945年4月6日

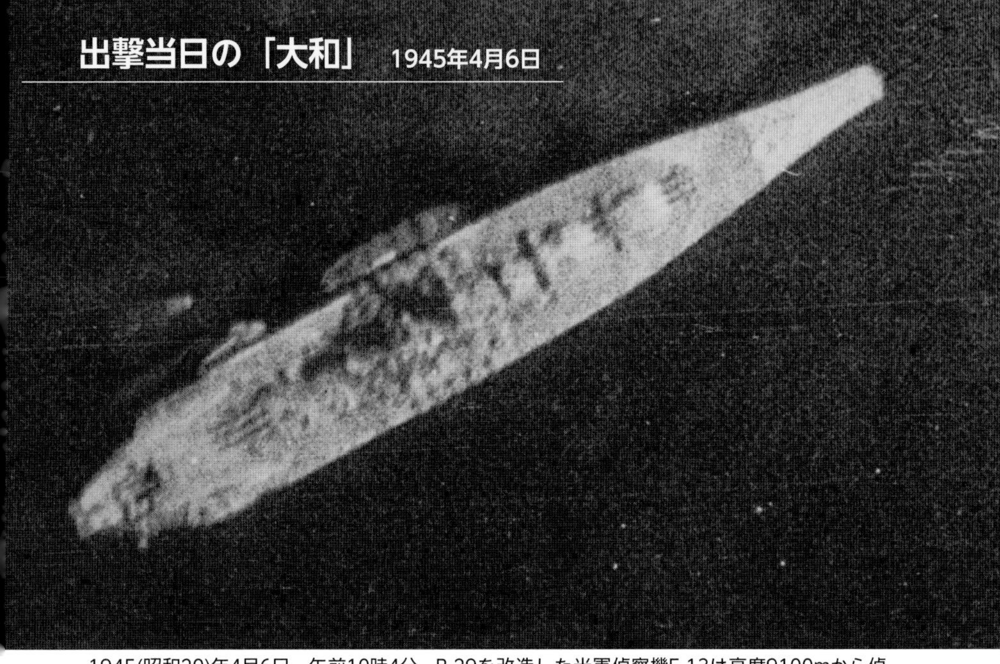

1945(昭和20)年4月6日、午前10時4分、B-29を改造した米軍偵察機F-13は高度9100mから偵察写真を撮った。そこには山口県徳山湾沖で出撃準備中の「大和」が捉えられていた。「大和」左舷に山九運輸(株)の貨物船が陸揚げする物品を搭載している（下の写真の「大和」を拡大）

「BBB」（空襲警報）と共に対空戦闘配置に就く。偵察任務を終えたF-13は、艦隊泊地後方を東に去っていった。その時、K-17カメラとK-18カメラ（450mm×230mm）で撮影、岩島灯台南3.8kmに「大和」を中心に警泊する軽巡洋艦「矢矧」、駆逐艦「涼月」「冬月」「磯風」「浜風」「雪風」「霞」を捉えた

海軍燃料の総元締め山口の徳山燃料廠から待機する海上特攻隊「大和」(丸印)との距離を示す。湾口岩島灯台沖の海上特攻隊に燃料を補充した

昭和20年1月、侍従武官差遣に当たり「大和」艦上で撮影された第２艦隊司令部。前列左から、首席参謀山本祐二大佐、艦隊主計長松谷大佐、司令長官伊藤整一中将、侍従武官中村俊久中将、参謀長森下信衞少将、艦隊軍医長寺内正文大佐、砲術参謀宮本鷹雄中佐。後列左から副官石田恒夫主計少佐、航空参謀伊藤中佐、水雷参謀末次信義中佐、通信参謀小澤信彦少佐、機関参謀松岡茂機関中佐

米空母機との激闘　1945年4月7日

4月7日、悪天候のなか、ぽっかり空いた雲の彼方に「大和」を中心に輪形陣を組み沖縄へ進撃する海上特攻隊。米軍機は機上レーダーで予測位置から左方向25度46kmに「大和」隊を探知、そしてついに「大和」を目視した。日本側も電波探信儀で180度（南）に大編隊を探知していた

「われ敵艦上機100機以上と交戦中」発：第１遊撃部隊、宛：天一号作戦部隊。「われ連続空襲を受けつつあり」。増速して対空戦闘に備える「大和」（右端）。先行するのは「矢矧」率いる直掩駆逐艦3隻。檣頭に掲げた軍艦旗が戦闘旗となった

「大和」主砲対空弾発砲の瞬間。艦橋トップ防空指揮所で指揮を執る艦長有賀幸作大佐の第一声は「敵機来襲、各長の命令で、射撃始め」。雲が低い悪天候、その雲の中に「大和」が30度くらいの仰角で主砲を発射した。そのうち、パアッと雲の切れ目から敵機の大編隊がでてきた

「大和」被弾（1）。「主計科戦闘配置で戦闘食を食べ終わった。対空戦闘配置に就けのラッパと号令が聞こえた。直撃爆弾！　後部電探室付近から真っすぐポッと入ってきた。これはまともに来たのではないか、と直感で無意識のうちに防毒面を付けた」。徹甲爆弾は上部を貫き倉庫中甲板で炸裂した（『ドキュメント戦艦大和』〈原勝洋／吉田満〉より）

「大和」被弾（2）。空母「ベニントン」所属第82爆撃中隊SB2C-4と-4Eの4機は「大和」を攻撃した。戦艦中央部に炎と黒い煙を伴う爆発、命中を観測した。一瞬の観測のため少なくとも4発の命中が主張された。それは1発の直撃弾かもしれないが、あるいは一斉投下された2発の爆弾が同時に命中、１発として報告される可能性もあった

「大和」被弾（3）。爆煙を上げる「大和」船体を遮るのは爆弾投下後に急上昇する爆撃機の尾翼。「大和」艦尾には4軸スクリューの白波が盛り上がり全速力を示している。左海面には至近爆弾の水柱が立ち上っている

「大和」前部に複数の魚雷が命中、盛り上がる水柱。上空からの攻撃に気をとられ、機銃は上に向け撃っていたが、低空から接近した8機編隊のTBM-3は「大和」の左舷に向け空中魚雷8本を投下、左艦首部付近に複数の命中を記録した。左後方の水柱は軽巡洋艦「矢矧」に対する攻撃を示す

左、右と回避を続ける「大和」（左端）。本艦は既に後部一帯に被弾、爆煙に包まれている。さらに後方から米軍機3機が「大和」を狙っている。水中防御を施した大和型戦艦の水中防御（バイタル・パート）は350kgの爆薬の爆発力の艦内浸水を充分阻止できる計画だった。手前は防空駆逐艦「冬月」

「大和」（中央）後方から迫る急降下爆撃機。副長は、艦長の「対空戦闘」の号令で前檣楼下部の装甲された司令塔内、防禦総指揮官の配置に就いた。計器により全艦の状況が判断できた。副長の指示を待つまでもなく、平素からの訓練で、各部、注排水指揮所、応急班指揮所などの処置すべきことはわかっている。駆逐艦「初霜」（左）と「冬月」（右）は直掩の任務を完遂した

「大和」は爆弾直撃の爆煙と複数の巨大水柱に包まれた。12時45分、7機の米第17爆撃中隊SB2C-4は454kg爆弾10発を投下、命中を得た。4機が被弾し、内1機は海上に不時着して失われた

取舵一杯、爆煙を噴出させながらも主砲砲身は上空の敵機を狙い、対空戦闘中の「大和」。「大和」からかなり離れて旋回、攻撃待機中の米第47戦闘機中隊12機中2機が、主砲対空弾の炸裂で損傷した

輪形陣は崩れ、右に「大和」、左に「矢矧」。「大和」に追随する月型駆逐艦「冬月」と駆逐艦「初霜」。対空戦闘は最高潮に達していた。大和型戦艦の舵は、半平衡舵の１枚主舵と副舵を装備。旋回公試では、転舵後 艦首が振れだすまでの秒時が非常に長いのと、回転を始めると、当て舵一杯でも、これを止めて直進するまでに時間がかかった。主副舵同時使用の場合は、舵の効きが良好だった。副舵のみの場合は、回頭はどうにかできるが、直進に戻れなかった。操艦は不可能で予備舵の役目を果たさなかった

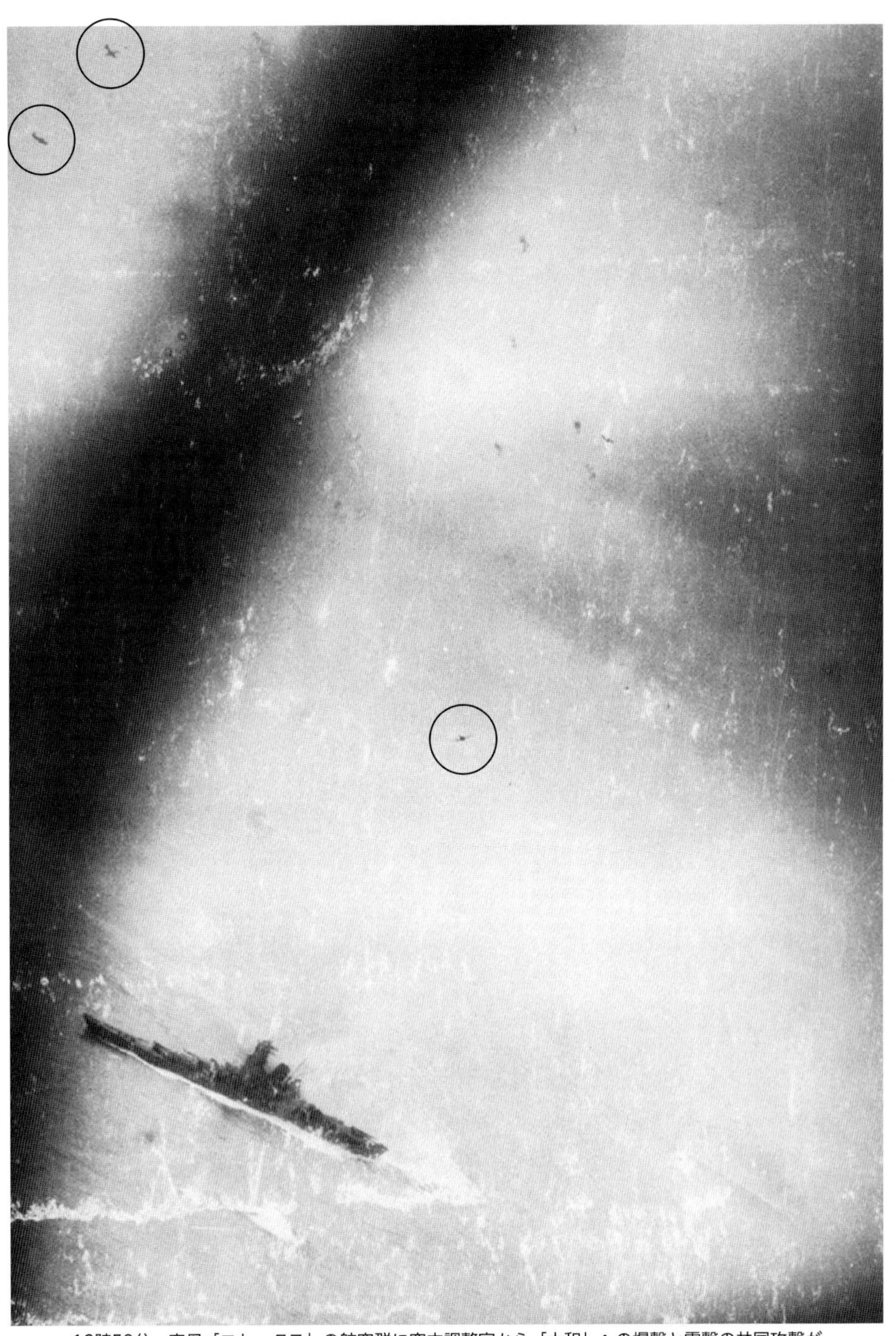

12時59分、空母「エセックス」の航空群に空中調整官から「大和」への爆撃と雷撃の共同攻撃が指示された。取舵急旋回の「大和」上空に投弾を終え上昇中の1機、左上方にはなお2機が爆撃態勢に入っている（丸印）。攻撃後にコクピットから撮影

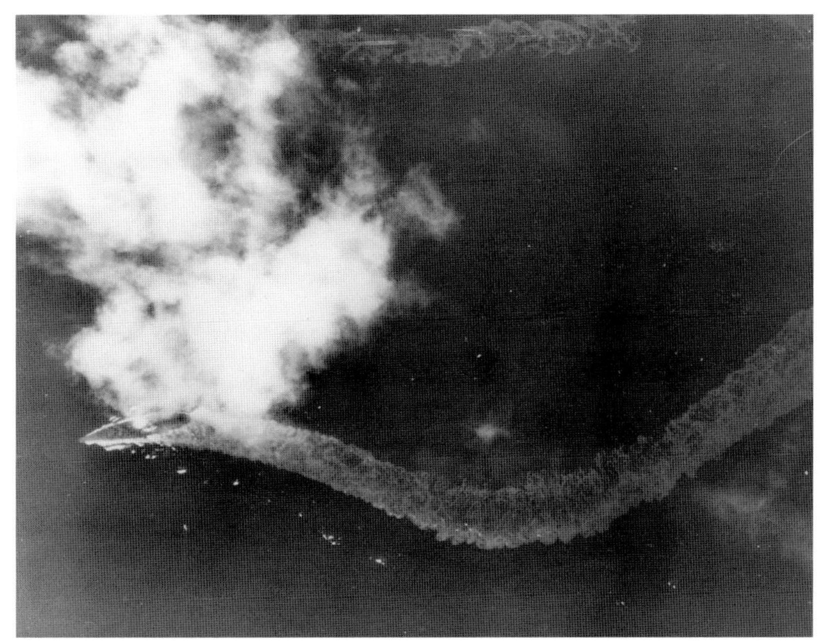

撮影機F6Fが雲間の真上から捉えた「大和」。本艦は大きく蛇行しながら沖縄をめざした。「決戦海面を北緯○○度○○分、東経○○度○○分とす、方向180（南）」の旗旒信号が上がった

大きく旋回しながら戦う「大和」の航跡。その左舷側には被弾を示す爆煙が認められる。あくまでも「大和」を守る任務に就く防空駆逐艦「冬月」（左）と「初霜」（右）が追従している。手前海面には被弾して航行不能に陥った「霞」。戦いはクライマックスに達した

「面舵いっぱい」艦長有賀大佐の号令、直後に投下爆弾が至近海面を打って炸裂、もり上がる巨大な水柱。急転舵で大きく左に傾く船体、艦は右に旋回する。右舷側波除部分付近に被弾の跡が認められる

辛うじて命中爆弾を回避した「大和」だが、至近爆弾の炸裂による弾片が機銃員を殺傷した。煙突後部の白煙は被弾箇所の火災消火作業の結果か。右舷中部に流れる白煙は応戦する機銃の発砲煙か。艦尾には9番と10番三連装機銃座が認められる

大水柱に艦影を隠す「大和」。この時期、空母「イントレピッド」の第10戦闘爆撃中隊F4U-1Dの4機、同爆撃中隊SB2C-4Eの14機から454kg爆弾16発と227kg爆弾14発、計30発が「大和」に投下された。「大和」は爆弾の集中攻撃では沈まなかった

後部から爆煙を上げながらも沖縄をめざす「大和」。左後部には至近爆弾の水柱跡。右の駆逐艦は「初霜」。上空には雲の切れ目から攻撃態勢の急降下爆撃機ヘルダイバー。航空機の対艦船優位を示す象徴的シーン

激闘の航跡を残しながら、左舷への傾斜にもかかわらず対空戦闘中の「大和」。後部に火災を生じながらもかなりの速力で対空戦闘を継続している。船体傾斜が20度をこえれば、目標が見えても合理的な回避はできない

左舷への傾斜を増しながらも、なお沖縄をめざす戦う「大和」の雄姿。艦首波が「大和」の意思を示すかのように力強い。全速で航行していると遠心力で左に大きく傾斜して転覆するような感じになった

4月7日午後2時、空母「ヨークタウン」所属機の撮影。上空低く垂れこめる雲、この日を象徴する悪天候のもと、激闘の対空戦の航跡を残しながら戦闘中の「大和」（右）。中央の直掩艦は駆逐艦「雪風」。先行するのは防空駆逐艦「冬月」

速力が落ち、傾斜を深める「大和」（中央）。来襲する敵機から守る「冬月」（左）と右舷後方の「初霜」。「大和」方位盤射手の証言——「たった15度くらいの傾斜なら、また復原するだろう。そう腹が決まって、ちっとも動揺しなかった。しかし、艦の傾斜が15度を超えると、さすがに何かにつかまらないと立ちにくかった」

「冬月」が来襲敵機に後部10㎝高角砲を発砲した瞬間。速力の落ちた「大和」煙突後部付近に火炎が噴出、後部一帯に被害が及んでいることを示している。東シナ海の海面は熾烈な海空戦と裏腹に静かである

「冬月」はさらに前部高角砲を発砲、「大和」に迫る敵機を撃退した。「大和」戦闘艦橋では、第2艦隊森下信衞少将の「もうこのあたりで良いと思います」の言葉に、司令長官伊藤整一中将は「そうか、残念だったな」と一言い、皆に敬礼すると、ひとり艦橋下の私室に降りて行った。その後のことは誰も知らない

「大和」の最期　1945年4月7日

轟沈、火の玉となった「大和」。行き足を落とし、傾斜を深めた巨艦は、お椀が返るようにひっくり返った。それからコンマ何秒かして2番主砲塔あたりで、2回爆発、煙を含まない真っ赤な火柱がたちのぼった

「大和」轟沈のキノコ雲に似た爆煙。「大和」に近づく「冬月」（右）、奥に「初霜」、手前の海面には航行不能の「霞」が漂う「大和」最期の象徴的シーン。東シナ海の海面には激闘の跡を示す航跡だけが残されている。「大和」の最期は、帝国海軍の最後でもあった

午後2時30分、立ち昇る爆煙は天に達していた。戦後の海底調査で「大和」は第2主砲塔下の弾火薬庫が誘爆を起こして船体を爆裂させ、中央の船体は裏返しに、そしてその後部弾火薬庫付近が折れ曲がった状態で沈んでいた。今なお日本測地系北緯30度43分、東経128度04.1分の海底に眠っている

「大和」爆煙の遠景。海上特攻隊「大和」を直接攻撃した米軍機は、戦闘機15機、戦闘爆撃機5機、急降下爆撃機37機、雷撃機60機の総計117機、他1機は「大和」を狙ったが「冬月」を雷撃することになった。投下兵器は、454kg爆弾59発、227kg爆弾34発、高速ロケット弾112発、そして空中魚雷59本だった。「大和」にとどめを刺したのは、空中魚雷だった

12時45分、誰にも看取られることなく東シナ海に没した第21駆逐隊夕雲型（陽炎改型）「朝霜」。本艦は左舷巡航タービン舷側装置温度過昇後、海上特攻艦隊から後落、単艦となり速力12ノット、艦隊の視界外となった。右舷側に大量の重油を流し海上に停止した本艦には、駆逐艦長杉原与四郎中佐以下士官18人と下士官兵308人が乗艦していた

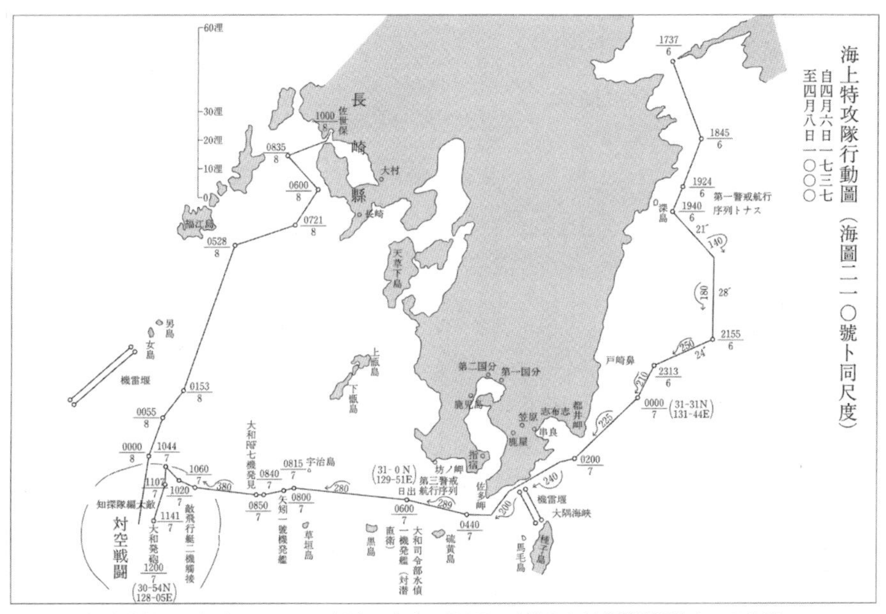

海上特攻隊行動図　1945（昭和20）年4月6日の出撃から対空戦闘開始までの航路

米第84爆撃中隊は10機で4波にわたり爆撃、「朝霜」の左舷側付近、中央部に2弾、艦尾付近に1発の爆弾を命中させた。「朝霜」は前部煙突から白煙をあげ海上に停止した。本艦は50口径3年式12.7cm連装砲搭D型6門、25mm機銃28挺、13mm機銃4挺で反撃した

12時45分、高度760mからK-20カメラで撮影された前部煙突から白煙をあげる「朝霜」。12時10分「われ敵と交戦中」を最後に消息を絶った

海上に停止した「浜風」を襲う機銃掃射。本艦は後部推進機付近に直撃爆弾1発により航行不能、その後2罐室付近に被雷1本にて船体切断沈没した。12時48分、地点北緯30度07分、東経128度8分。総員356人、戦死100人、生存者256人。内負傷入院45人

第21駆逐隊「霞」は、直撃及び至近爆弾により罐室全部浸水、航行不能となり、乗組員を「冬月」に移乗後に処分された、地点北緯30度51分、東経127度57分

全速力で戦う第41駆逐隊「涼月」。本艦は戦闘開始28分後に被弾、航行不能となる。「涼月」を狙った戦闘機隊は、陣形左側の本艦に爆撃とロケット弾を撃ち込んだ

被弾して速力を落とす「涼月」の前部に搭載された最新の九八式10㎝高角砲塔が確認できる

左に舵を取ったまま海上に停止寸前の「涼月」。本艦は後進、推定９ノットで航行、佐世保にたどり着いた。修理に3ヵ月と査定された

4月7日12時30分、全速力で対空戦闘を開始した軽巡洋艦「矢矧」に至近爆弾の水柱が立ち上る。
米軍機が撮影した、戦う「矢矧」の直上からのシーン

左舷後部に空中魚雷が命中、推進力を失い、海上に漂う「矢矧」。海兵隊機の爆弾が後部主砲後方を直撃、続いて戦闘機が爆弾4発、機銃弾2000発、別の戦闘機4機の爆弾8発、さらに戦闘爆撃機4機が、つづけて戦闘機7機、そして急降下爆撃機13機、最後に戦闘機が続いた。合計爆弾37発、機銃弾4865発が海面に漂う「矢矧」に襲い掛かった

「矢矧」に乗艦する第2水雷戦隊司令部を移乗させるため、重油が漂う海面を横切って近づく駆逐艦「磯風」

「矢矧」にとどめを刺すため急降下爆撃機が２方向から殺到した。直撃爆弾と至近爆弾に包まれ沈みゆく「矢矧」

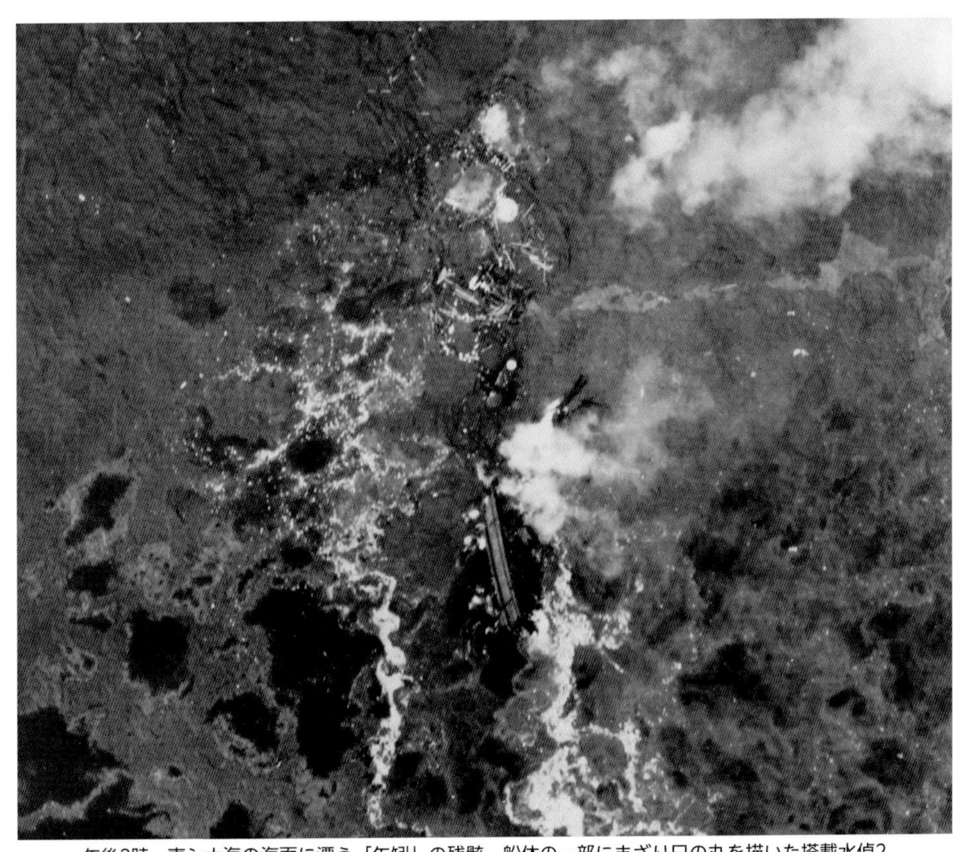

午後2時、東シナ海の海面に漂う「矢矧」の残骸。船体の一部にまざり日の丸を描いた搭載水偵2号機の翼が認められる。波間には多数の乗組員の姿も

画面奥で「冬月」「大和」「初霜」（左から）が対空戦闘たけなわの時、被弾航行不能に陥った「霞」（手前）。本艦からは大量の重油が流出している。出撃時、本艦の重油搭載量は540トンだった。なけなしの重油をかき集めた出撃時の海上特攻隊の搭載量は、合計1万475トンであった。その貴重な重油もこうして失われた

第2水雷戦隊旗艦「矢矧」を守っていた駆逐艦「磯風」が至近爆弾を受けた瞬間。本艦は機械室が満水、航行不能に陥った。その後「雪風」に人員移載のうえ、4月7日22時40分、砲撃処分された。地点北緯30度46.5分、東経128度9.2分と記録された

至近爆弾の水柱の中、避弾しながら航行中の駆逐艦「初霜」。後方の艦影は「冬月」。米軍攻撃機の機銃弾発射数は30口径1,685発、50口径28,150発、20口径2,895発。この総計32,730発が攻撃中、そして漂流する乗組員を狙った（ただしVB-84とVT-84は焼失のため記録なし）。聯合艦隊電令作第61号「第1遊撃部隊の突入作戦を中止す。第1遊撃部隊指揮官は乗員を救助し、佐世保に帰投すべし」により作戦は終了した。「大和」艦長有賀幸作大佐を含む第2艦隊司令長官伊藤整一中将以下3,728人が犠牲となった。戦訓として残された言葉は「『思い付き』作戦は精鋭部隊をみすみす徒死せしむるに過ぎず」だった。現代人は、この言葉をどう受け止めるであろうか？

第2部

「大和」「武蔵」誕生

大艦巨砲主義の象徴となる「大和」の竣工と聯合艦隊「旗艦」に充てられることは、昭和天皇にいち早く上奏された。1941（昭和16）年12月5日、軍令部総長は「……工事の促進に努めました結果、予定（昭和17年6月15日）より6ヵ月竣工を繰り上げ、4年1ヵ月をもって完成することを得ました。『大和』は第1戦隊に編入後、若干の訓練を経た後、聯合艦隊の旗艦となります予定で御座いまして、これにより帝国海軍に一大新鋭威力を加えることになります」と上奏した。全工事完了後、所定の物件を定位置に置いて、終末試験、旋回力、重心査定公試、及び動揺公試が実施される。公試の結果が就役に適すると認められると竣工となる。

そして1年6ヵ月と19日目に、千葉県木更津沖に碇泊する2番艦「武蔵」行幸が実現することになる。横須賀軍港沖10番浮標の「武蔵」行幸。1943（昭和18）年6月24日、快晴。09時20分、御出門、横須賀へ。11時05分「武蔵」御乗艦、拝謁、GF長官の軍状奏上、御昼食、艦橋、御相伴、艦内御巡幸、艦橋、防空指揮所、最上甲板、射出機甲板、機械室、第1主砲塔、御写真撮影。14時25分、御退艦、還幸。

昭和天皇「武蔵」行幸

1943年6月24日

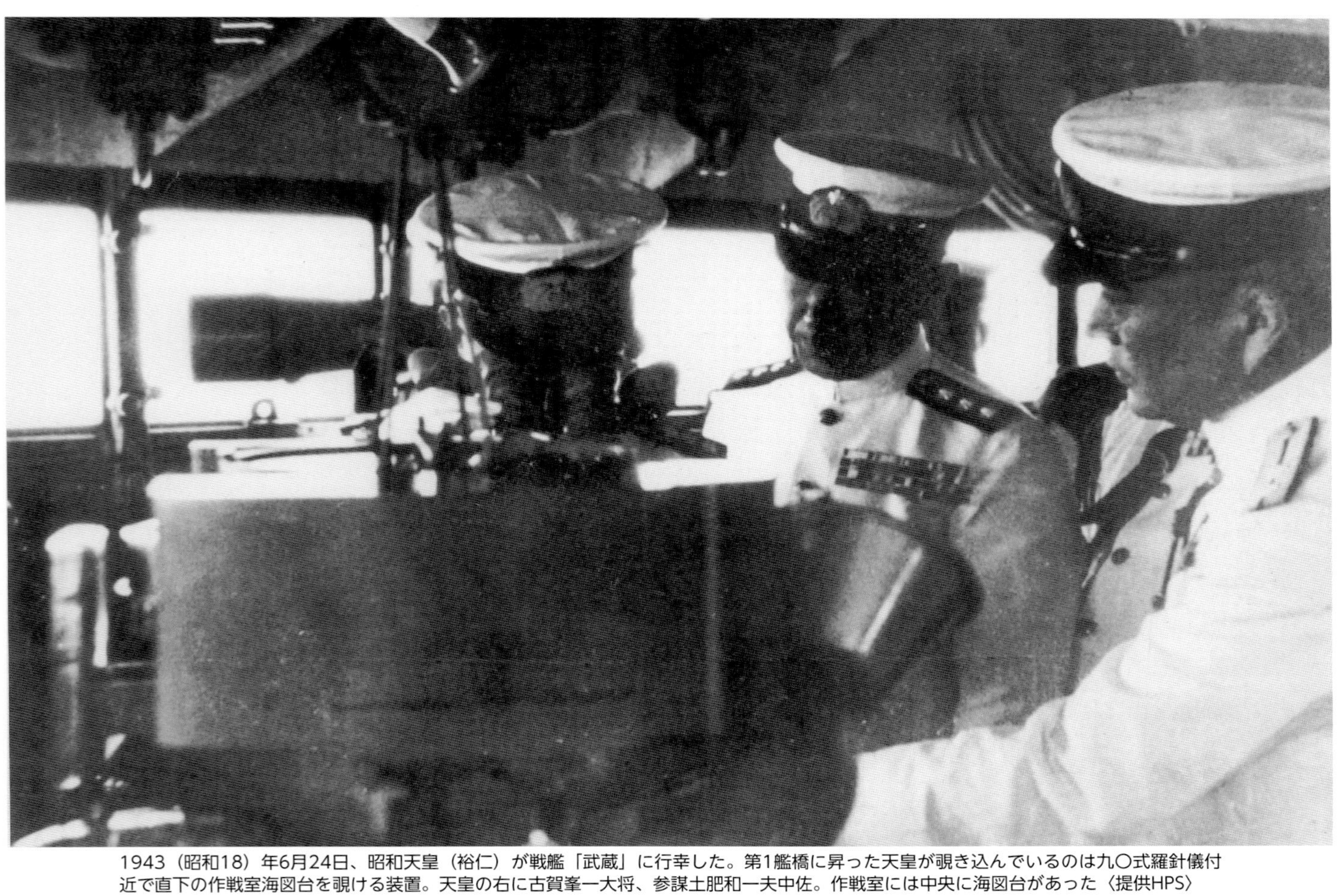

1943（昭和18）年6月24日、昭和天皇（裕仁）が戦艦「武蔵」に行幸した。第1艦橋に昇った天皇が覗き込んでいるのは九〇式羅針儀付近で直下の作戦室海図台を覗ける装置。天皇の右に古賀峯一大将、参謀土肥和一夫中佐。作戦室には中央に海図台があった〈提供HPS〉

空中に衣ずれの音と共にはためく天皇旗。1943（昭和18）年6月24日11時05分、天皇御乗艦、「武蔵」後檣に天皇旗が翻る。この旗は天皇乗御の艦船に掲揚する

左写真と同日に撮影された天皇旗。後檣の手前に煙突の先端が写っている。日本海軍将兵の士気を鼓舞するため天皇に新鋭艦を見ていただくため行幸が決まった

「武蔵」艦上での昭和天皇行幸記念写真。前列中央に昭和天皇陛下、その左に高松宮宣仁親王、天皇の右に宮内大臣松平恒夫、主要士官83人が写っている。最上甲板2番副砲塔前での撮影。前檣楼左舷基部に爆風覆付2番と4番25㎜三連装機銃、射界制限枠付き12.7cm連装高角砲2番、中央の4番高角砲も砲身が天を睨んでいる。砲身のみの6番高角砲、機銃座の上に九四式高射器の基部、150cm探照灯、複数の蒸気捨て管と煙突基部、後檣付近の10m測距儀

「大和」の公試運転　1941年10月

1941（昭和16）年10月30日の公試、右舷の詳細を示す。「大和」の公試排水量65,200t

1941（昭和16）年10月26日、ほぼ正横の「大和」左舷。公試基準速力15.91ノット、毎分回転数115.4、燃料消費量7.71トン/時間、航続距離12,100海里、舷窓（硝子窓、窓蓋）は盲蓋付舷窓、大型明り取り窓右舷6個、左舷5個、排水管は右舷14個、左舷13個

1941（昭和16）年10月30日、うねりに乗って快走する「大和」。右舷やや後方からの全貌。基準排水量61,334 t

1941（昭和16）年10月30日、左舷斜め後ろからの「大和」の雄姿。艦尾に軍艦旗を掲揚、そして4つのスクリューの推進力を示す波が盛り上がっている。公試状態の後部乾舷は6.4m

1941（昭和16）年10月20日、後檣に軍艦旗を掲げ荒れる海上を疾走する「大和」。艦首波は吃水線下に3m突き出したバルバス・バウの効果か

戦艦「大和」を建造した呉海軍工廠の第4ドック。写真は戦後の撮影

戦艦「武蔵」を生んだ三菱重工業長崎造船所の第2船台（左）

大和型3番艦「信濃」建造のために新設された横須賀海軍工廠の造船ドック

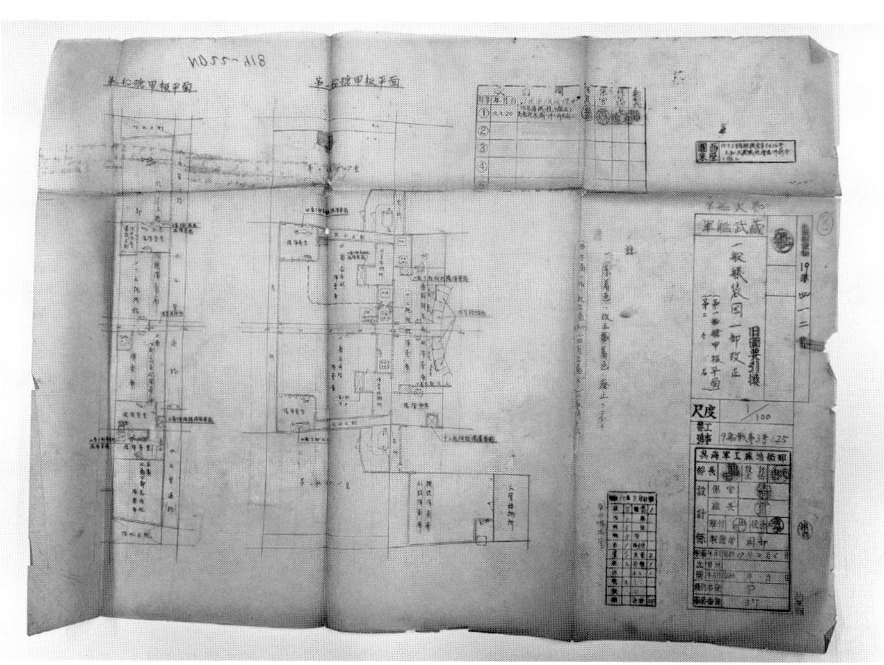

「軍艦武蔵一般艤装図」呉海軍工廠造船部設計係　製図年月日：昭和19年2月6日

1940（昭和15）年6月30日、呉海軍工廠での主砲塔旋回盤の転倒作業。重量277ｔの旋回盤が裏返しの状態で吊り上げられたところ。作業員との比較でその大きさがわかる

主砲塔旋回盤の転倒作業途中の状況で、画面に写っているのが上面側。ローラパス直径12.274m。軍極秘の貴重なシーン

転倒作業終了。旋回盤の上部に砲身と砲室が載り、下方に給弾室が接続される

昭和15年6月3日、一砲台、二砲台、旋回盤積込作業の状況。１番砲塔は積込完了、２番砲塔は積込準備中で給弾室以下の搭載完了状態。主砲塔旋回部重量2,265t、固定部299t

1941（昭和16）年9月20日、呉工廠の艤装用ポンツーンに係留され、艤装中の「大和」。竣工を3ヵ月後に控え、工事は最終段階である。「大和」右舷に見えるのは航空母艦「鳳翔」の艦首部。後部主砲塔の遠方は給糧艦「間宮」

「大和」「武蔵」の艦上にて

1942（昭和17）2月16日（月）晴、午前10時45分、侍従武官鮫島具重中将を迎え「大和」前甲板で撮影された記念写真。前列左より1人おいて首席参謀黒島龜人大佐、艦長高柳儀八大佐、聯合艦隊司令長官山本五十六大将、軍刀を携えた侍従武官、参謀長宇垣纏少将他。背景は世界一の第１砲台三連装46cm砲。その巨大な砲身は、立ち並ぶ参謀たちを圧倒している。艦載砲の砲口の蓋は、砲の腫中に湿気、塵の侵入を防ぐ砲口栓

大和型戦艦「武蔵」の背負い式に配置された象徴となる主砲6門、世界最大の口径46cm砲（呼称は九四式四十糎砲）。現在の10階建てビルディングに相当する高さの前檣楼を正面から捉えた決定的なショットである。大和型戦艦の巨大な船体は、この世界一の砲発射時の強大な爆風に堪え、正確な弾道で標的を捉えるためにあった。昭和17年6〜7月ごろ、公試出動時に徳山沖〜呉間で堀内康雄技術少佐が撮影したもので、以下82ページまでの写真は同じ時期の撮影

公試中の「武蔵」の前部錨鎖甲板からの正面。足元錨鎖甲板には、甲板、舷側などに取付け、鉤あるいは鋼索を鉤する鋼鐶である輪鐶（りんかん）、眼鐶（がんかん）があり、左右の錨鎖は鎖車につながり、中央にカバーをかけた車地がある。両舷にはダビットがあり、手前は主砲弾の揚げ降ろしに使用、中央にあるダビットは救命艇を吊るしている

第２艦橋付近から艦首方向へのショット。艦首には旗竿、御紋章取付け板、左右に艦首索道（つなみち）。索道は曳索、繋留索などを舷外より甲板上に導くため甲板舷側付近に設ける受金。両舷の筒は双繋柱、錨鎖甲板から木甲板には仕切がある。「武蔵」の木甲板は、台湾檜である。主砲の砲身間隔は約3.05mである

「武蔵」前甲板での体操。海軍体操の神様・後藤恵喜上等兵曹体操指導員のもと毎日、始業前に艤装員長有馬馨大佐を先頭に上半身裸で全員揃って実施した。号令台兼通風塔に立つのは第１分隊士高木貞雄兵曹長

大和型戦艦の巨大さを示す砲台と前部甲板。手前に見えるのは副砲十五糎五（15.5cm）三連装砲塔の中砲と右砲身、その向こうに2番砲台の三連装砲塔、さらに前方は1番砲台の三連装砲塔である。主砲発射時の強力な爆風が前甲板に広々とした広大な空間を必要とした。その広さは両舷に群がる艤装員付（乗組員）の数で実感できる

朝の体操風景。「武蔵」前部主砲塔の長大な砲身が印象的である。巨大さが強調されがちな大和型戦艦は、じつは出来るだけ小さく設計されたものであった

艦首旗竿にしがみつく人物から、「武蔵」の旗竿の高さも実感させられる。艦首旗竿には碇泊中は「日の丸旗」である碇泊旗が掲げられる

第１砲台右舷から前檣楼を見上げる。砲塔の防禦鈑の形状、艦橋基部の司令塔、第２艦橋（夜戦艦橋）、前面の航海用1.5mの測距儀（掌測的兵2人配置）、その両舷の九五式機銃射撃装置、両側面に装備された13㎜（粍）連装機銃座（兵曹、水兵4人）、そして第１艦橋（昼戦艦橋、ここに艦長はじめ航海長など幹部が配置）。周りには促流板（風除け）、露天の防空指揮所、最上部の射撃塔頂部には避雷針が取り付けられている

左舷第２砲台付近の甲板から見上げた前檣楼。頂部の15m測距儀、甲板上の艤装員付と上部の主砲射撃塔の人物の比較からその高さが判断できる。司令塔内は主舵取機室・操舵所、左舷の25粍三連装機銃塔、煙突、後檣と続く

第２砲台測距儀、15.5㎝副砲の左砲身が望見できる

左舷木甲板から前檣楼下部、副砲方位盤装置、煙突　機銃塔を撮影

右舷甲板を後部艦橋より見下ろした状況。12.7㎝二連装高角砲の砲身、飛行機整備甲板と木甲板との境には段差があることを示している。右舷一式二号射出機一一型の軌条、旋回盤、車輪付き滑走車も見える

左舷煙突、蒸気捨て管、下部の九六式150cm探照灯一型（兵曹・水兵4人、掌測的兵1人）、機銃射撃装置、九八式40口径12.7㎝二連装高角砲（兵曹・水兵12人）の砲身が確認できる。探照灯は2灯で12,000m、1灯で10,000mを照射する

補助砲である右舷3番副砲塔を見下ろす。画面右に高角砲（命数1500発）、甲板舷側に網台、天幕用支柱格納、手摺支柱、手摺チェーンが見える

前檣楼後部からの飛行機整備甲板と艦尾を望む。手前は煙突頭部の仕切板、後檣マストは空中線を展張、舵柄標は右舷緑色、左舷赤色。飛行機整備甲板の飛行機運搬軌条、旋回盤、9mカッター、6m通船、一段下の上甲板両舷に一式二号射出機一一型、艦尾には起倒式ジブ・クレーンがある

「武蔵」の艦尾に搭載された起倒式ジブ・クレーンの構造がよくわかる。左にはカタパルト指揮所がある。
搭載機は零式水上観測機一一型（通称「零観」）、２人乗りである。弾着観測機として開発された優秀機

「武蔵」第１艦橋（昼戦）内の様子。右奥上に時計、18㎝双眼望遠鏡があった。戦闘幹部付が電話器、通報器、伝声管、高声令達機、空気伝送器、艦長方向通信器など艦長の全般に関する通信伝達に従事した

「武蔵」海図台に向かう士官の背後に九〇式磁気羅針儀があり、見張指揮所、第１艦橋下伝令所、司令塔（操舵室）などへの伝声管、天井部には懸吊式伝声管、命令各所への伝達伝声管がある。航海幹部付が艦位の測定及びその記入を業務とした

「武蔵」艦橋内天井からの懸吊式伝声管口など操艦に関する装置がある。九〇式磁気羅針儀の前で航海長が操舵の指揮をとった

「大和」高角砲対空射撃専用の九四式高射器を前にしての記念写真。性能計画は射距離40,000m、実用射距離12,500m、高度10,000m、俯仰90度、旋回角度左右220度、変距率±300kt。覆塔内に照準装置（測距儀を含む）があった。弾片被害防止用にロープを巻いている

「武蔵」前甲板錨鎖に腰掛けてポーズをとる乗組員。聯合艦隊旗艦に乗艦することは誇りだった。後ろに手摺、索道、が見える

一式二号射出機一一型を背景に「武蔵」上甲板での記念写真。滑走台の全長は25.6m、全高1.854m、軌条幅1.280m、原動力の種類は火薬。最大射出速度32m/秒、許容最大薬量20kg。型式：滑走台旋回式、主要構造：開放式、軌条型式は車輪式。全重量34 t

「武蔵」後部開口部の中甲板、飛行機扉前での記念写真

「武蔵」の艦尾甲板で輪投げに興ずるシーン。手摺チェーンや眼環の形状がよくわかる

「武蔵」の煙突と前檣楼背部の詳細を示す。2連装高角砲砲身の上には150cm探照灯、九五式射撃指揮装置、艦橋背面左に探照灯管制器信号用ヤード、15m測距儀背面、味方識別のため灰白に塗られた主砲射撃所の詳細がわかる

「武蔵」15m測距儀の補強を施した状況。防振架台に取付けられた基線15m測距儀は、正分像合致式に加え、側像立体視式が追加され三重構造になっていた

「武蔵」の電波探信儀空中線。「武蔵」の電波探信儀は、昭和17年9月30日取付け作業完了。二号電波探信儀一型は、2段6列反射網付き集射空中線で、寸法は5m×2mだった。レーダー（RADAR）は、米海軍の略称で、米陸軍は「ラジオ・ポイント・ファインダー」、英国は「ラジオ・ロケイター」、日本陸軍は「捜索用・電波警戒機」、「測的用・電波標定機」と呼称した

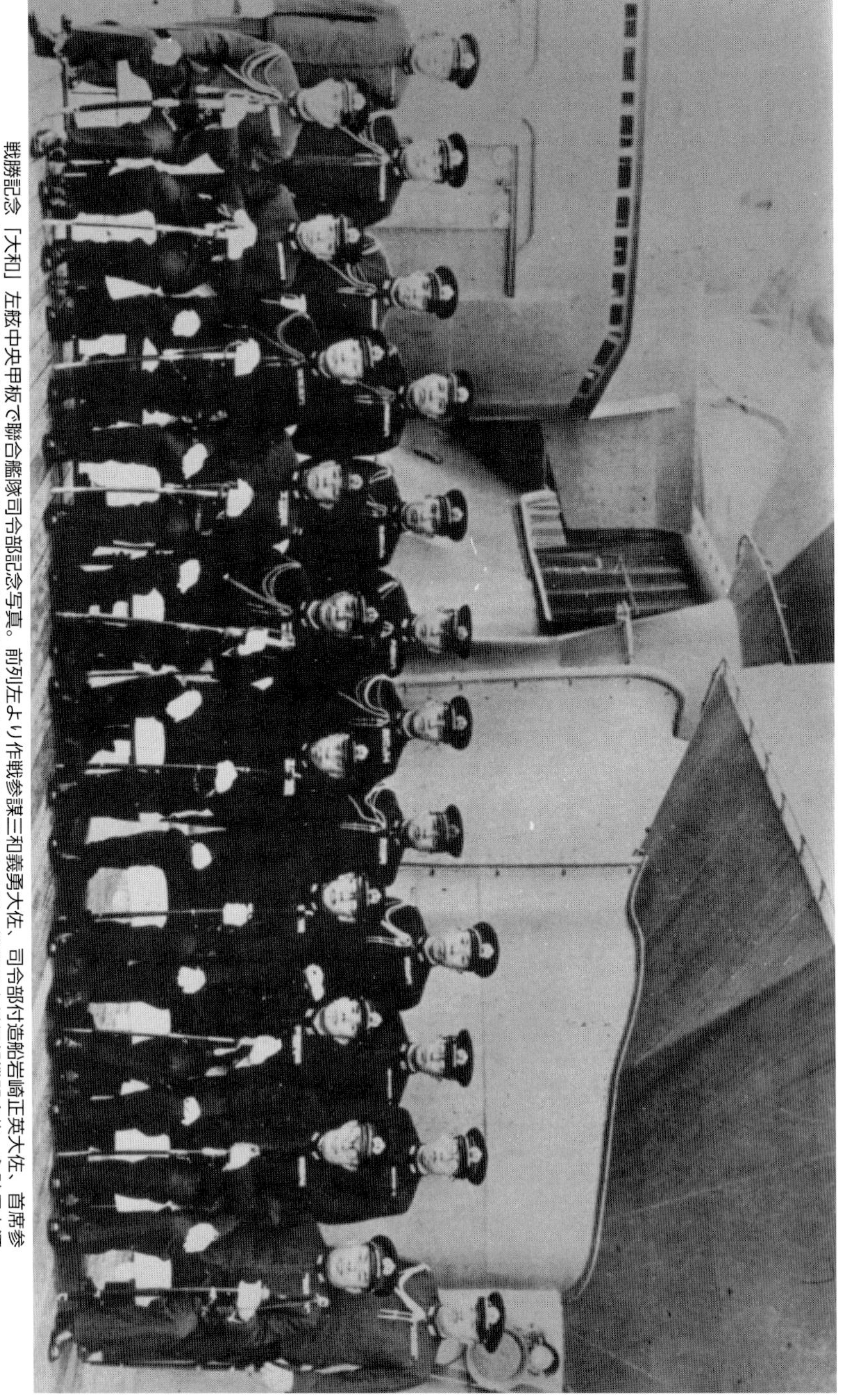

戦勝記念「大和」左舷中央甲板で聯合艦隊司令部記念写真。前列左より作戦参謀三和義勇大佐、司令部付造船岩崎正英大佐、首席参謀黒島龜人大佐、軍医長今田以武生軍医大佐、参謀長宇垣纏少将、司令長官山本五十六大将、機関長中村伍郎機関大佐、主計長大澤文平主計大佐、法務長高頼治大佐、気象参謀太田香苗大佐。後列左より暗号長新宮等大尉、水雷参謀有馬高泰中佐、機関乙参謀市吉聖美機関中佐、航海参謀永田茂中佐、通信参謀和田勇四郎中佐、機関甲参謀磯部太郎機関中佐、政務参謀藤井茂大佐、航空参謀佐々木径彰中佐、戦務参謀渡邊安次中佐、司令部付軍医田口實軍医少佐、司令部付主計参謀京谷勝壽主計大尉、副官福崎昇中佐

昭和18年12月、「大和」右舷最上甲板で撮られたガンルーム記念写真。前列右側から岡村通信士、辰野航海士、永井工作士、金垣見張士、高橋軍医長付、艦長高柳儀八大佐、甲板士官今井賢治中尉、井上砲術士、室谷機関長付、岩淵庶務主任、富田副砲士、後方は兵学校69期の新少尉と7・8期候補生

軍艦「武蔵」青年士官記念写真〈永橋為茂氏家族提供〉

昭和18年2月11日、トラックで撮影された「武蔵」ガンルーム記念写真。白の夏季服装は国内の場合6月1日から9月30日まで

1942（昭和17）年6月25日、柱島泊地の「大和」（中央）は、2日後に来艦予定の大臣嶋田繁太郎を迎えるため外部総油拭きで整頓、勇戦奮闘の跡を消した。碇泊する戦艦「長門」（左）と航空母艦「鳳翔」。ミッドウェー海戦では「鳳翔」の偵察機が航空母艦「飛龍」の被害を確認した。背景の島影は柱島

「武蔵」艦上の聯合艦隊司令部。前列左から4人目が司令長官古賀峯一大将。左端上部は罐室への給気口

第3部

トラック泊地／マリアナ沖海戦 あ号作戦（1944年）

1943（昭和18）5月、山本五十六元帥戦死の後を継いで全海軍部隊の総帥・聯合艦隊司令長官となった古賀峯一大将は、12月に決戦線をマーシャルの線より父島列島、マリアナ群島、西カロリン諸島西部ニューギニアの一線に後退することを決意した。しかし、戦備中に殉職、その後を豊田副武大将が引き継いだ。

1944（昭和19）年5月3日、大海指第373号をもって、聯合艦隊の当面の作戦方針を指示、「あ」号作戦と称した。「あ」号作戦は故古賀元帥が樹立した作戦計画を大本営命令としたもので、全海軍基地航空兵力と全艦隊海上兵力を結集、かつ陸軍守備兵力を活用した全力総合決戦であった。6月11日、米機動部隊がグアム島東方に現われ、連続3日間にわたる猛烈な空襲、熾烈極まる艦砲射撃を実施、そして15日、米軍はサイパンに上陸した。

聯合艦隊司令長官豊田副武大将は、敵のサイパン島上陸開始の報に接すると比島南部に集結待機中の第1機動艦隊を主力として決戦を決意した。渾作戦は中止、原隊に復帰すべきとの命により、「大和」「武蔵」を含む第1戦隊、第5戦隊、第2水雷戦隊、第4、第10駆逐隊は第1機動艦隊に合同すべく決戦海面に向かったのである。

トラック泊地の「大和」「武蔵」

1942（昭和17）9月4日トラック島春島第２錨地を抜錨、夏島南方第１錨地へ転錨中の「大和」。後檣にはためくのは「大将旗」で、聯合艦隊旗艦であることを示している。艦上の白服乗組員は、登舷礼式に備えつつある状況との説もある。前艦橋トップ射撃塔の灰白色は味方識別用である

1943（昭和18）年2月9日、聯合艦隊旗艦「大和」（二号電波探信儀一型未装備）。飛行するのは「隼鷹」もしくは「瑞鳳」所属の九七式艦攻。海上の艦船は、左から特設水上機母艦「山陽丸」、陽炎型駆逐艦「初風」、そして工作艦「明石」に横づけする「白露」型駆逐艦、右奥は測量艦「第三十六共同丸」である

聯合艦隊旗艦「武蔵」。トラック泊地に水雷防御網を展張した本艦の艦尾には軍艦旗、前檣楼トップに二号電波探信儀一型を装備している。聯合艦隊司令長官山本五十六大将は、「大和」から旗艦設備の整った「武蔵」に1943（昭和18）年2月11日（紀元節）、旗艦を変更した

搭載物件を満載にしてトラック泊地に向かう途中の「武蔵」。1943（昭和18）年1月18日、「武蔵」はトラック島に向け呉を出航、この写真はトラック島到着直前の1月22日、一式陸攻が「武蔵」を目標に雷撃訓練を実施した際の撮影とされる〈大和ミュージアム提供〉

トラック泊地に入港した際に眼前にしたこの「素晴らしい光景」に、「潮」駆逐艦長は思わずシャッターを切ったという。手前が聯合艦隊旗艦「武蔵」、左奥が「大和」である。両艦とも軍艦旗が掲げられていないことから午前8時（時差１時間、トラック島では現地時間午前9時）の軍艦旗掲揚前、「武蔵」には大将旗も見えないことから聯合艦隊司令長官不在と思われる。右舷舷梯は士官以上、左舷舷梯は下士官兵が利用した〈大和ミュージアム提供〉

同じくトラック島の旗艦「武蔵」（右）と「大和」。この日は「大和」に内火艇が艦尾に繋留されている。背景となる春島の左手は標高360mのトノッテン山、右手が標高240mのウィテパル山である。「武蔵」中央に張られているテントの下では、司令長官が軍楽隊演奏のもと昼食をとっていたという

トラック島の「武蔵」と「大和」。日時の記録はない。おそらく奥の艦が「武蔵」、手前が「大和」ではないかと思われる。両艦が一緒に警泊したのは、1943（昭和18）年12月11日が最後である。左端の島影は夏島の一部、中央彼方が冬島、右大和型戦艦の彼方が秋島である、金剛型戦艦2隻のシルエットが望見される

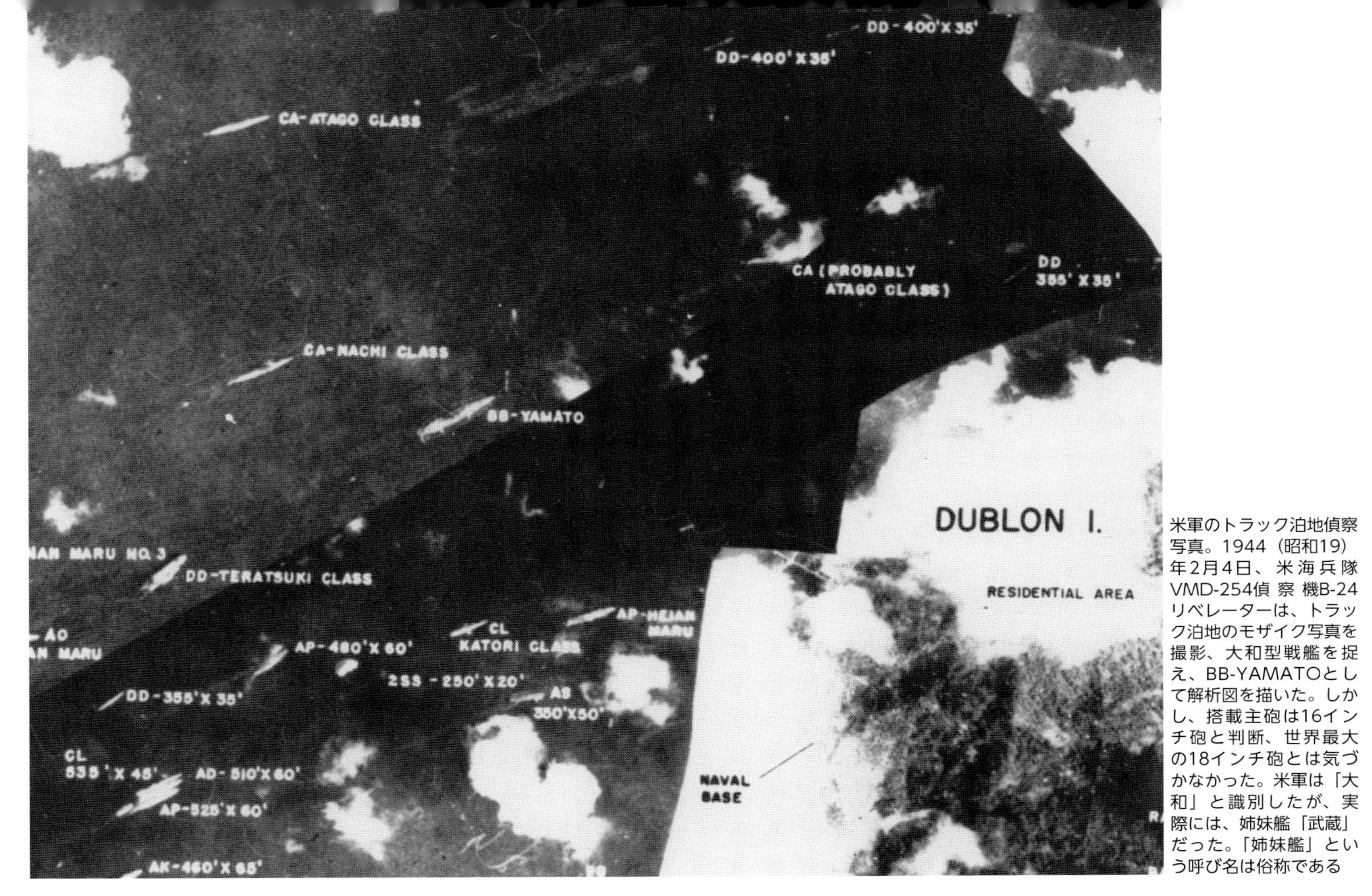

米軍のトラック泊地偵察写真。1944（昭和19）年2月4日、米海兵隊VMD-254偵察機B-24リベレーターは、トラック泊地のモザイク写真を撮影、大和型戦艦を捉え、BB-YAMATOとして解析図を描いた。しかし、搭載主砲は16インチ砲と判断、世界最大の18インチ砲とは気づかなかった。米軍は「大和」と識別したが、実際には、姉妹艦「武蔵」だった。「姉妹艦」という呼び名は俗称である

1943（昭和18）年5月8日、269日ぶりにトラック泊地から母港「呉軍港」に帰投中の「大和」（中央）。先行するのは重巡洋艦「妙高」もしくは「羽黒」。駆逐艦「潮」の艦橋窓枠越しに後部を見せるのは航空母艦「冲鷹」もしくは「雲鷹」である

マリアナ沖の戦い　1944年6月

1944（昭和19）年6月20日、「あ」号作戦マリアナ沖海戦時の「大和」。本艦は「渾作戦を中止す。機動艦隊よりの増援兵力は原隊に復帰すべし」の命令でハルマヘラ島南西のバチャンから急きょ参戦、第3航空戦隊の航空母艦「千代田」への来襲機群に向け、初めて世界最大46cm主砲対空弾三式焼霰弾を斉射した。「大和」右方向の爆煙は、被弾した航空母艦「千代田」で、上空には対空弾幕が張られている

マリアナ沖海戦前、ボルネオ島東方のタウイタウイ泊地に停泊する航空母艦「大鳳」（手前）。左上方に航空母艦「瑞鶴」、右方向に戦艦「長門」。「大鳳」は④計画唯一の空母で第130号艦と呼ばれた。本艦の特色は「防禦」にあった。飛行甲板上のエレベーターは、中央エレベーターを廃し、2個とし、前後エレベーター間の飛行甲板は発着艦最小限の幅だけ20mmDS鋼板に75mmCNC甲鈑を張り500kg爆弾の急降下に対し防禦した。ただし飛行甲板防御の代償として、飛行機搭載数は減少した

右舷側上空から見た航空母艦「大鳳」（手前）と航空母艦「翔鶴」

第4部

比島沖海戦 捷一号作戦（1944年）

1944（昭和19）年7月20日、小磯（国昭）内閣が組閣され、8月16日戦争指導会議で今後採るべき方針が決定された。その時の陸海軍両統帥部の今後起こるべき戦場判断は比島（フィリピン）だった。マッカーサーの攻勢は必ず比島にくるとの予想。総理小磯は、両統帥部に最後の必勝を獲る覚悟で戦うかを聞いた。統帥部は、「そうだ、ただし、骨を切らせて骨を切るという戦法で戦う」と答えた。「そんな弱気では、ないか」に対し「そんな覚悟でやるしかない」だった。「本義はルソン島決戦にあった。しかし、台湾沖航空戦の大本営海軍部は、敵空母11隻、戦艦2隻轟沈と過大な戦果を発表した。その直後の17日、米軍の大艦船団がレイテ湾入り口スルアン島に現われた。第14方面軍情報主任参謀・堀栄三陸軍少佐は、大本営第2部長宛「今回の海軍の戦果は極めて疑問があり、……如何に多く考慮しても撃沈せる米艦は数隻をでず。それも空母なるや否やは不明」。しかし、この暗号電報は、大本営陸軍部作戦課瀬島隆三参謀、参謀次長泰彦三郎中将が握りつぶした。結果、レイテ決戦となり、栗田健男中将指揮の第2艦隊のレイテ湾殴り込み作戦となったのである。

ブルネイ泊地出撃　1944年10月22日

1944（昭和19）年10月、ボルネオ島（カリマンタン）北部西側ブルネイ湾泊地。油槽船「雄鳳丸」から燃料補給を受ける「大和」（中央奥）、手前には航空巡洋艦「最上」。右方向の「鳥海」は、「武蔵」に横付けしている。「大和」と「武蔵」は、20日到着の「雄鳳丸」と「八紘丸」から15,800トンの補給を受け、本作戦の実行を可能にした。駆逐艦は給油艦不在の前日、戦艦から2,556トンの補給を受け満載となっていた。背景はキナバル山

油槽船の到着を待つ第１戦隊。手前の戦艦「長門」艦首部の彼方に「武蔵」、そしてその奥に「大和」が碇泊している。捷一号作戦は、米軍が比島（フィリピン）に来襲した場合には、2日以内に突入を原則としていた、しかし、燃料問題が最大の焦点であった。第２艦隊司令長官栗田健男中将が独断で要請したシンガポールに在った油槽船「雄鳳丸」「八紘丸」の手配が作戦を遂行させた。出撃3時間前に1万5,800トンの補給が完了した

1944（昭和19）年10月22日08時05分出港、「武蔵」出撃時の左舷正横の艦影。白石東平撮影。
「武蔵」の中部高角砲群6基の爆風除けの有無が「大和」との識別の決め手となった。「大和」は下部高角砲増備のため、上部の既存砲塔に爆風除けがなかった

ブルネイ湾を出撃後、レイテ湾突入を目指し単縦陣で狭水道通過中の栗田艦隊。手前から第１戦隊「長門」「武蔵」「大和」、第２艦隊司令長官直属の第4戦隊「摩耶」「鳥海」「高雄」「愛宕」（旗艦・栗田健男中将座乗）、第5戦隊「羽黒」「妙高」。大和型戦艦の乾舷は一段と高いのが一目瞭然

「大和」「武蔵」を左翼、右翼に「長門」、その先に「鳥海」の対潜航行序列。手前は「長門」の航跡。第２艦隊旗艦「愛宕」は敵潜水艦の電波を諜知、全部隊に通報、対潜警戒をいっそう厳にした

シブヤン海の戦い　1944年10月24日

ミンドロ島南端を迂回、比島東岸レイテ湾に向け進撃する第１遊撃部隊を上空から監視する米索敵機。警戒航行序列を組みタブラス海峡に迫る第１遊撃部隊は、上空からは丸裸同然であった。一方、日本側にとって上空の雲は対空戦闘の妨げとなった

「武蔵」が敵編隊を発見、「大和」も同時にこの編隊を発見、直ちに全部隊は24ノットに増速した。中央に白波を立て増速する大和型戦艦が見られる。上空には巻積雲があり敵機発見を至難にした。「戦闘配置に就け」のラッパが艦内スピーカーから流れる

炸裂する三式焼霰弾と多数の弾幕、そして時限信管付高角砲弾の炸裂。彼方から迫る敵編隊多数、「主砲発射用意」のブザーが鳴る。露天甲板より機銃員は退避、急いでハッチを締める。46㎝主砲一斉射、強烈な爆風。画面右端中央の砲煙に包まれるのが「大和」。その下の航跡は「武蔵」のものであるが残念なことに画像が切れている。糸を引いたような三式焼霰弾炸裂の右下では「長門」が対空戦闘中。輪形陣右端は「藤波」「濱波」「羽黒」「岸波」「沖波」

対空戦闘中の第１戦隊「大和」（左端）、右後方に「武蔵」、中央「長門」。各艦の後方にたなびくのは対空砲火の砲煙。炸裂弾の彼方に「羽黒」が対空戦闘中。各艦の白波が高速であることを示している。正に「決戦」だ。画面の影は撮影米軍機の尾翼

巻雲の切れ目を伝って米軍機は攻撃を加えた。緊急回頭、一斉に面舵をとる第１遊撃部隊。大きなウェーキを残し対空戦闘中の「大和」（右ページ中央）。10月24日13時30分

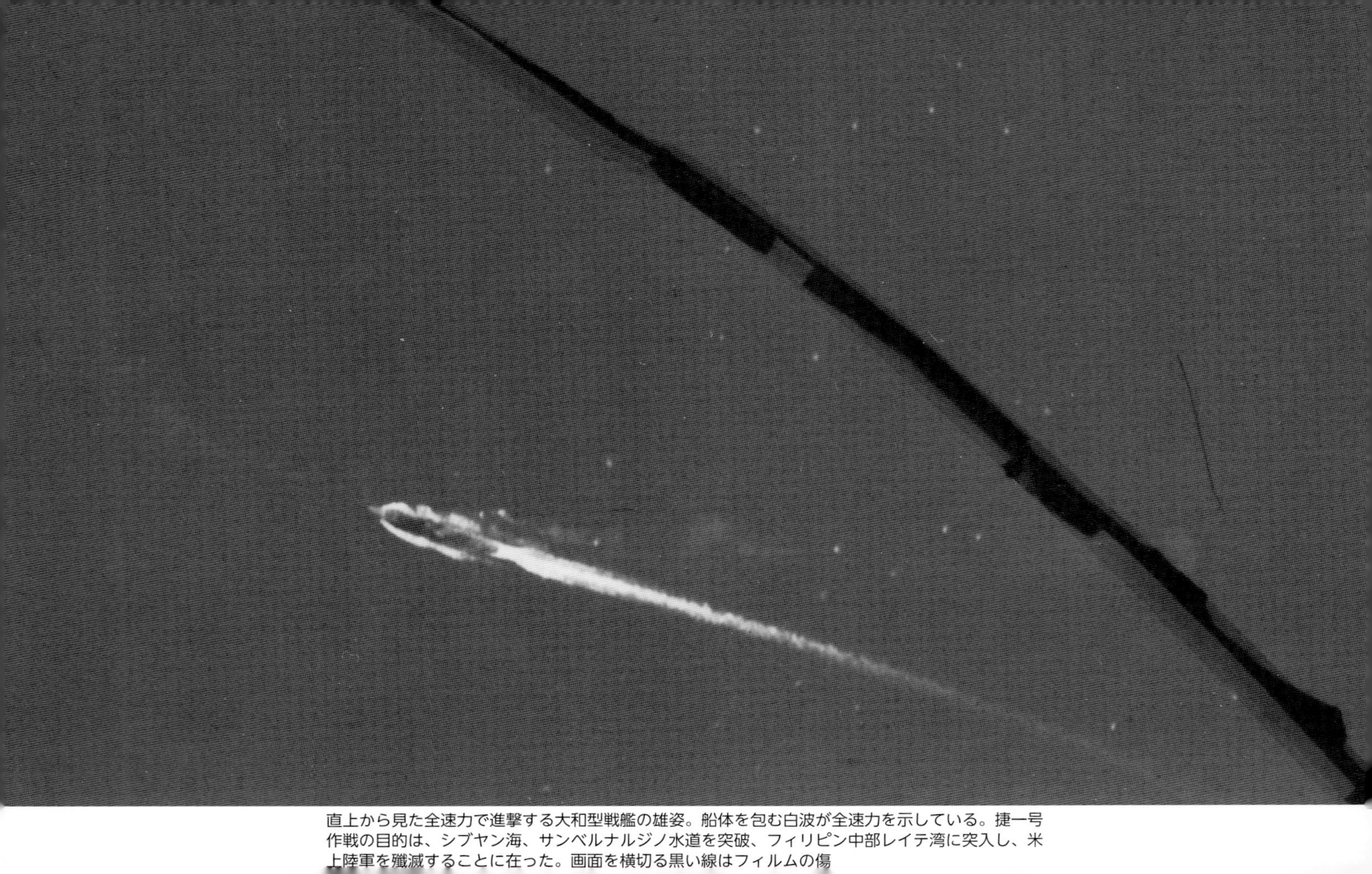

直上から見た全速力で進撃する大和型戦艦の雄姿。船体を包む白波が全速力を示している。捷一号作戦の目的は、シブヤン海、サンベルナルジノ水道を突破、フィリピン中部レイテ湾に突入し、米上陸軍を殲滅することに在った。画面を横切る黒い線はフィルムの傷

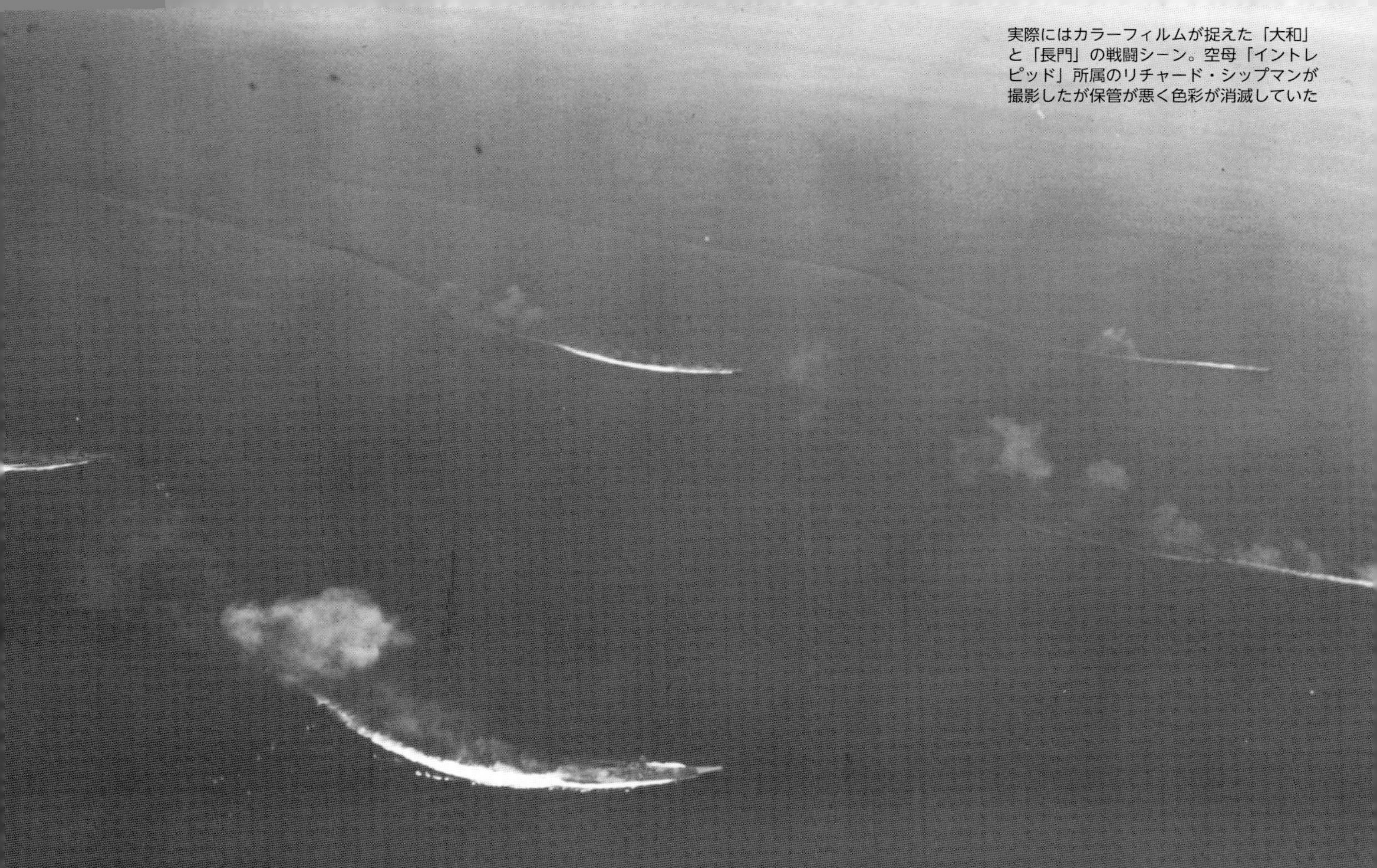

実際にはカラーフィルムが捉えた「大和」と「長門」の戦闘シーン。空母「イントレピッド」所属のリチャード・シップマンが撮影したが保管が悪く色彩が消滅していた

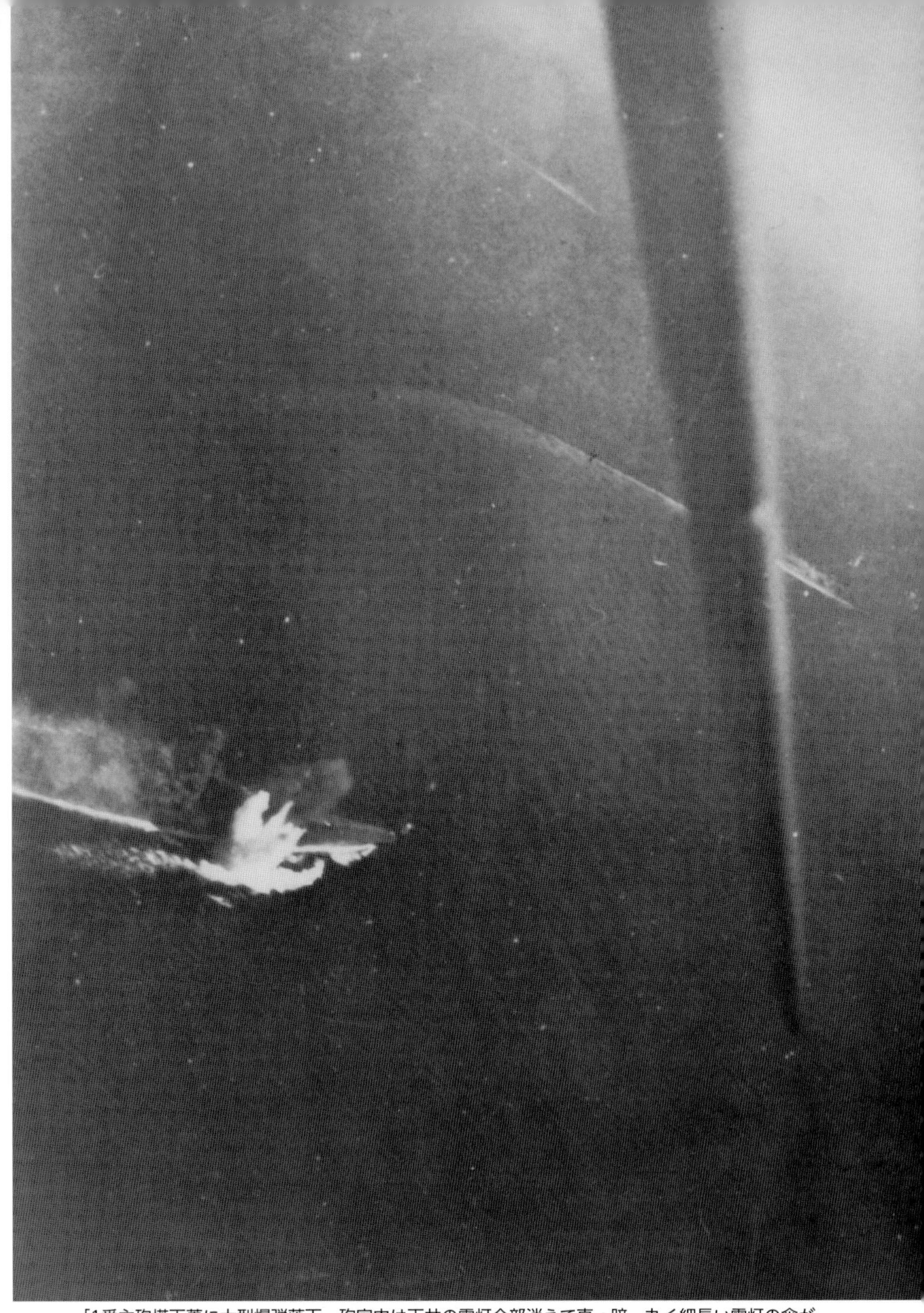

「1番主砲塔天蓋に大型爆弾落下、砲室内は天井の電灯全部消えて真っ暗。丸く細長い電灯の傘がガチャンと凄い音を立て割れた。予備の砲塔用豆電池が薄暗く灯った」。「武蔵」の２番砲台装甲屋根への直撃爆弾と右舷側への至近爆弾。中央部の白煙は対空機銃射撃の砲煙。よこぎるのは撮影機の尾翼。SB2C-3急降下爆撃機8機は「武蔵」に454kg徹甲爆弾3発、同半徹甲爆弾3発、通常爆弾1発を高度2,500mから投下した。至近爆弾により「武蔵」は艦首吃水線下に漏水を生じた

複数被弾し黒煙を上げる「武蔵」。艦の航跡は大きく取舵を切ったこと示し、海面には至近爆弾の跡が複数残されている

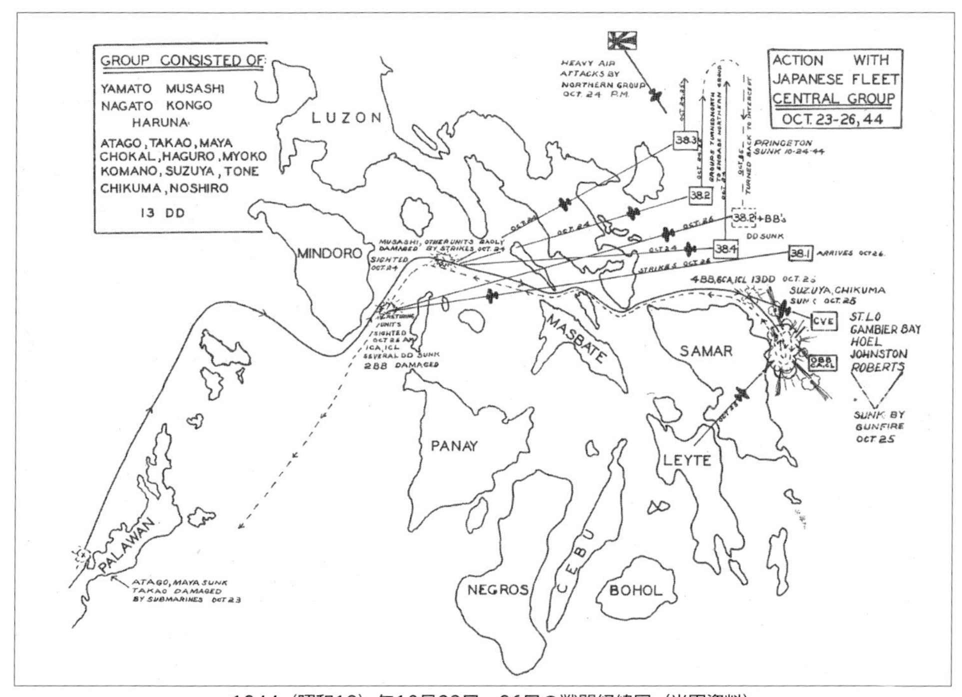

1944（昭和19）年10月23日～26日の戦闘経緯図（米軍資料）

シブヤン海の海空戦は最高潮に達していた。直掩駆逐艦の前方から雷跡がのびる先は「武蔵」だった。「武蔵」の左舷に立ち昇るのは命中魚雷の水柱。「武蔵」の全長263mと比べても巨大である。右端海面にも回避航跡がみえる。シブヤン海は海空戦の激戦場となった

太陽の照り返しの反射が美しいシブヤン海に長く航跡を引く駆逐艦。右方の被雷して取舵をとり続ける「武蔵」と美しい航跡が対照的だ

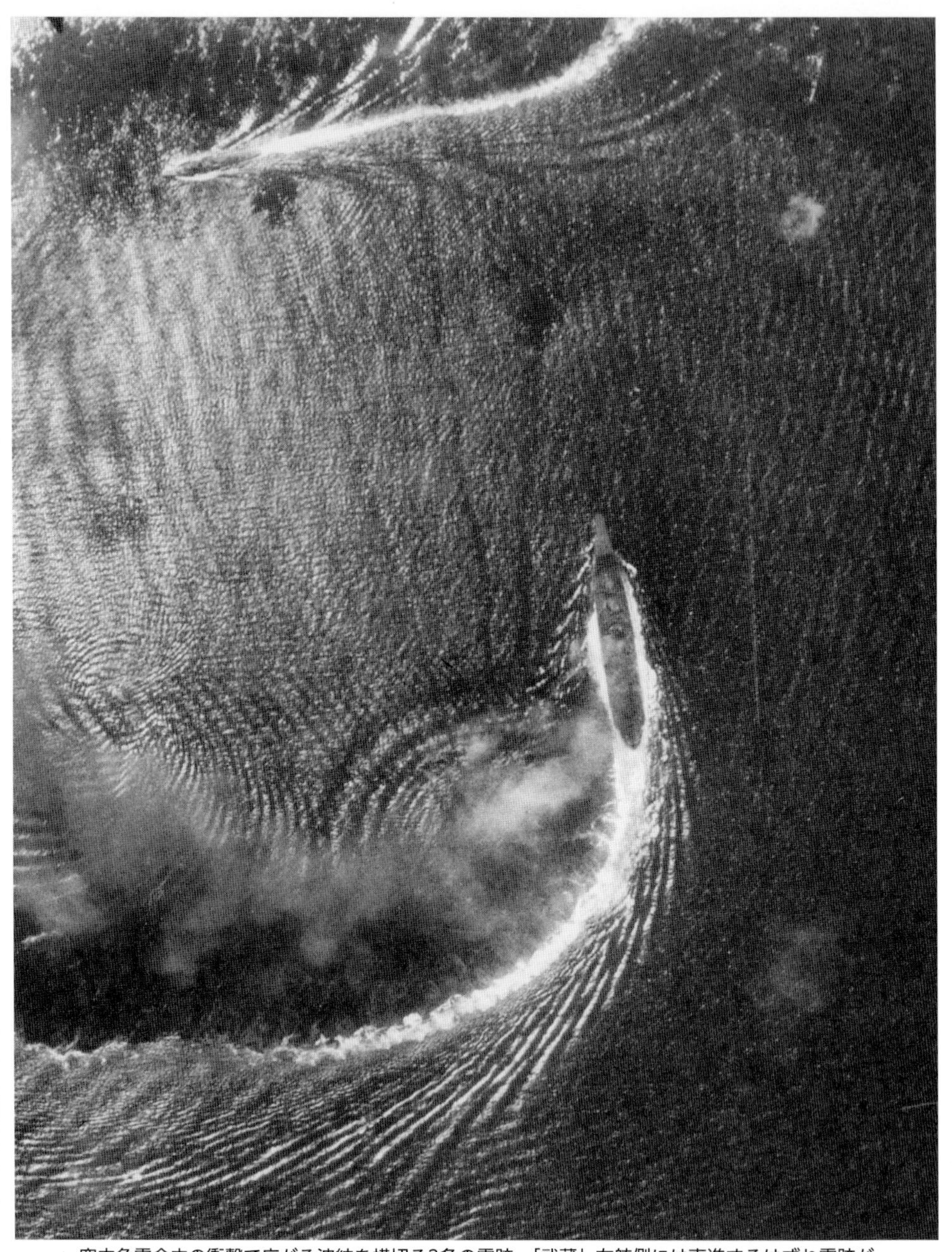

空中魚雷命中の衝撃で広がる波紋を横切る3条の雷跡。「武蔵」右舷側には直進するはずれ雷跡が目視できる

戦う「武蔵」の全貌。船体を出撃直前に黒く塗装したこと示している。前部2基、後部に1基の主砲塔、中央部高角砲台に増備された25mm三連装機銃座が確認できる。また左舷には被雷の跡を示す白波も確認できる

至近爆弾をもろともせず対空戦闘中の「武蔵」。空母「イントレピド」所属リチャード・シップマンが撮影

前ページに連続した対戦中の「武蔵」。上方の陸地は、マリンドウケ島マッキリン火山

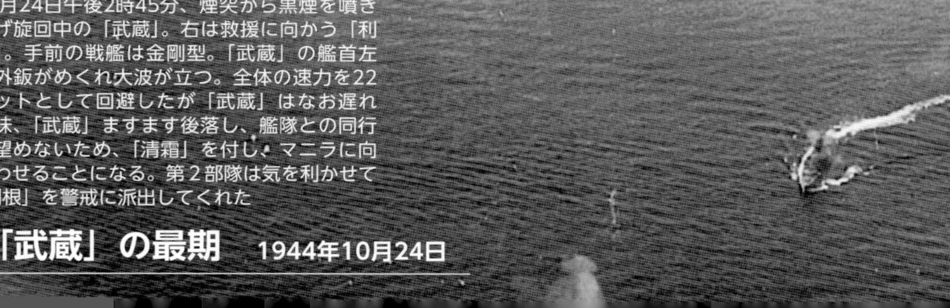

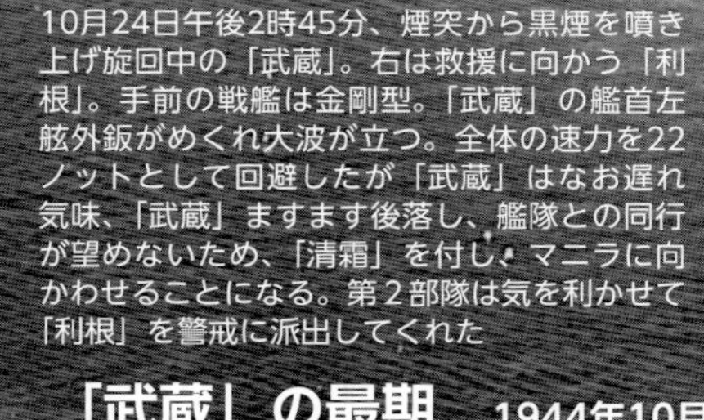

10月24日午後2時45分、煙突から黒煙を噴き上げ旋回中の「武蔵」。右は救援に向かう「利根」。手前の戦艦は金剛型。「武蔵」の艦首左舷外鈑がめくれ大波が立つ。全体の速力を22ノットとして回避したが「武蔵」はなお遅れ気味、「武蔵」ますます後落し、艦隊との同行が望めないため、「清霜」を付し、マニラに向かわせることになる。第２部隊は気を利かせて「利根」を警戒に派出してくれた

「武蔵」の最期　1944年10月24日

「武蔵」は雷爆撃集中の攻撃を受けた。航空母艦「エンタープライズ」所属8機の第20雷撃中隊TBM-1Cは、「武蔵」を雷撃した。急降下爆撃は、高度762mから高度549mで454kg半徹甲爆弾18発を投下した。2機の空中魚雷の深度調整5m、さらに6機は深度調整4mで高度244mから空中魚雷Mk13改6型を投下、前部に左右対称の命中を与えた。至近爆弾の水柱は、「武蔵」船体の263mより高く、はるかに前艦橋を凌駕している

黒煙を煙突からもくもくと噴き出す「武蔵」。舷側には、本艦の43mの高さの前艦橋よりはるかに高い水柱が噴出し、落下する海水の塊に露天甲板の特設機銃員は被害を受けた。黒煙は機械室の異変を意味する。直掩の駆逐艦「清霜」にも至近弾。背景の島はシブヤン島

高く上がる水柱が「武蔵」を襲い、上空には対空弾の炸裂、まさに海空戦闘はクライマックスに達している

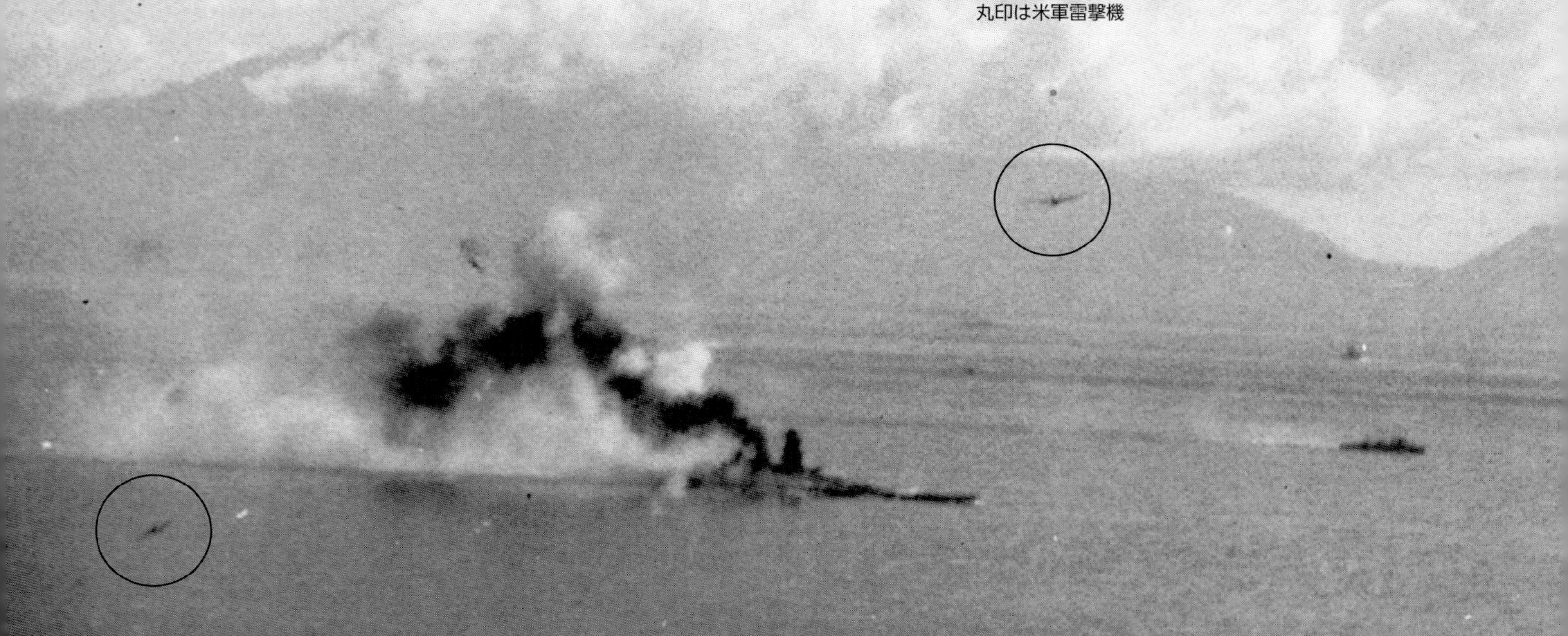

第五次攻撃では、「武蔵」は煙突から黒煙を吐き左に傾斜、航行不能に陥る。前艦橋の防空指揮所には煙当番が配置されていて機械室と連絡を取り合っていた。艦隊は一時反転のため満身創痍の「武蔵」の傍を通り過ぎた。損傷の姿が痛ましかった。丸印は米軍雷撃機

「武蔵」の最期。すべての注排水可能部は満水、左舷に傾斜10度位、艦首は沈下、砲塔前の上甲板最低線乾舷が水上にでていた。日没後の1時間余、警戒の駆逐艦より「武蔵」1937急に傾斜沈没せりとの報をうける。今日は「武蔵」の悲運あるも、明日は「大和」の番なりと宇垣参謀長は『戦藻録』に記録した

サマール沖の戦い　1944年10月25日

1944（昭和19）年10月25日、高度2,100mからレイテに向け第30警戒航行序列で進撃する「大和」（中央）以下の栗田艦隊を米軍偵察機が捉えた。先陣を切るのは「能代」その右後方に「長門」、右翼に「羽黒」、「金剛」、左翼に「熊野」、「榛名」、「利根」、殿が「矢矧」の陣形だ

レイテ島東岸沖を「大和」を中心にレイテ湾に向かう第1遊撃部隊。右端が「長門」、左から2番目が「金剛」、先頭を切るのは「羽黒」、ほか直掩駆逐艦

前部主砲砲身を振り上げ進撃する「大和」。25日早朝、見張り員が突然敵空母（実際は護衛空母）の発見を告げた。目前の敵が主力部隊かどうかの判断に苦慮する司令長官栗田健男中将、艦橋トップの射撃指揮所から「発射準備よし」の声が続けざまに送られた。主砲射手村田元輝大尉は、こらえきれず艦橋の司令部首脳に向かって「バカヤロー」と怒鳴った

護衛空母「カダシャン・ベイ」所属TBM-1Cの撮影。機銃弾が「大和」を襲う

サマール島東方海面の追撃戦。煙幕を張って逃走中の米護衛空母「ガンビア・ベイ」は、大口径砲弾の洗礼を受けた。「大和」の砲弾と思われる巨大水柱は、命中することはなかった。「大和」は、米護衛空母群との遭遇戦で主砲徹甲弾100発を発射している

たなびく黒い煙は、避退を図る米護衛空母部隊の煙幕展張の結果である。決定的な戦果のないまま2時間が過ぎ、艦隊隊形が乱れたので参謀長小柳冨次少将は、「もう追撃はやめたらどうでしょうか」と栗田長官に進言した。ついに追撃戦は中止、再度レイテ湾に向かうため、艦隊は隊形を整えた

敵機動部隊を求め決戦を期待する「大和」。1944（昭和19）年10月25日、「大和」の艦首が沈んで見えるのは、前日の被弾の浸水による。左方には金剛型戦艦が取舵をとっている

「大和」を拡大。この時期の「大和」艦内の状況を宇垣纏中将は『戦藻録』に「11時20分の頃に至り何を考えたか針路を225度としてレイテ湾に突入すると信号す。……13時13分再び動揺してレイテ湾内突入を止め、北方の敵機動部隊を求めて決戦するとのこと。針路０度にて進む……」と記している。こうして捷一号作戦レイテ湾突入作戦はなくなったのである

「大和」艦首部への至近弾による爆煙。10月25日15時20分、空母「フランクリン」の記録にあった写真。栗田健男中将率いる第1遊撃部隊は、13時10分レイテ湾突入を止め、敵機動部隊との決戦を求め、その後サンベルナルジノ海峡突破後の空襲に対する戦いとなった

空母「フランクリン」の記録。対空戦闘に専念する「大和」と重巡「羽黒」。直掩駆逐艦の姿が見えない

一斉回頭中の「大和」(左) と「長門」。25日13時10分頃の状況、参謀大谷藤之助中佐が参謀長小柳冨次少将に「参謀長、回れ右を掛けましょう」と言った。参謀長は後ろから司令長官栗田健男中将にこれを伝えた。栗田中将は、「ウム」と一言いったまま、黙っていた。操舵手が舵を取り始めた瞬間、艦橋内左舷の窓際に居た第１戦隊司令官宇垣纒中将がぐるりと参謀長の方を向いてレイテの方向を指さしながら、「参謀長、敵は向こうだぜ」と怒鳴るように言ったが応答なく、艦橋内は無言。艦隊は反転し、レイテ湾突入は空と化した

「長門」への至近爆弾2発。そのまま直進すれば直撃は免れなかった。応急転舵の妙を示す。左上は直進する「大和」

10月25日10時50分、対空戦闘中の「大和」。驟雨の中、本艦右斜めより攻撃態勢に在る3機の機影が見える。米護衛空母「ペトロフ・ベイ」所属機が撮影した。フィリピン中部サマール沖の「大和」の対空戦。同行するのは「羽黒」

北方の幻の敵機動部隊を求めて進撃する「長門」と「大和」。宇垣纒中将の日記『戦藻録』には、「大体に闘志機敏性に不十分の点あり、と同時に同一艦橋に在って相当やきもきした。保有燃料の考えに立てば、自然と足はサンベルナルジノ海峡に向かうことになる。敵さえやっつければ駆逐艦に夜間戦艦より補給するのも可能」。「敵機動部隊を北方にも見えず、（いつまでも同一場所にいるはずもなし）視界狭心となりサンベルナルジノ海峡に入る。追撃戦を打ち切ったのは燃料残額に対すに対する自信の動揺が追撃戦を打ち切らせた」と記録した

避退戦　1944年10月26日

第14航空群所属ジュヨン・クルーパー無線士が撮影した被弾する「大和」。1944（昭和19）10月26日、捷一号作戦の目的「レイテ湾突入」を放棄した「大和」を旗艦とする第１遊撃部隊は、退避行動中、スル海北部クーヨー水道で米空母「ワスプ」（CV-18）の第14爆撃中隊SB2C-3に襲われた。「大和」は、454kg半徹甲爆弾と140kg通常爆弾の命中を受けた

「大和」自慢の主砲塔と前部3区に被弾した。攻撃中対空弾の反撃はなく奇襲となった。砲塔に被害はなかったが、第3区応急員3人が死亡した

10月26日、27機の米陸軍B-24はレーダーで探知した日本艦隊に襲い掛かった。タブラス島西方南トパネー西北端の海域で「大和」は米陸軍機と初めて対峙した。B-24が撮影した「大和」の直上の全貌

10月26日、避退中の「大和」を含む日本艦隊の全容をB-24爆撃機のカメラが捉えた。操艦を担当する水雷出身の艦長森下信衛少将は航海長津田弘明大佐とともにデリケートな操艦によって爆弾をかわす方針で研究を続け、その成果を発揮した。左下で回避行動をとるのは艦長重永主計大佐が操艦する戦艦「榛名」

間一髪、「大和」艦首に近い海面で爆弾は炸裂した

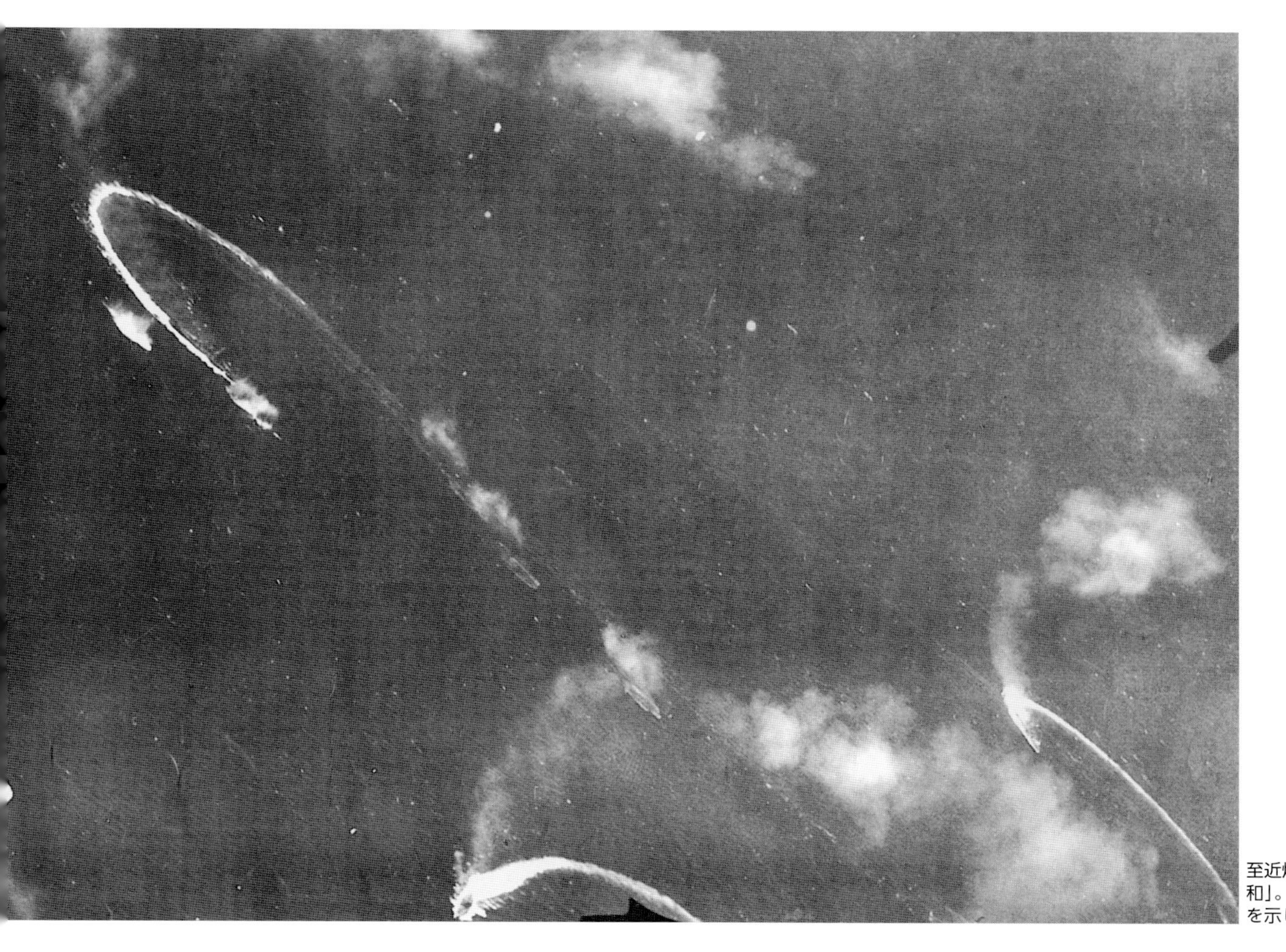

至近爆弾に包まれる「大和」。ウェーキが全速力を示している

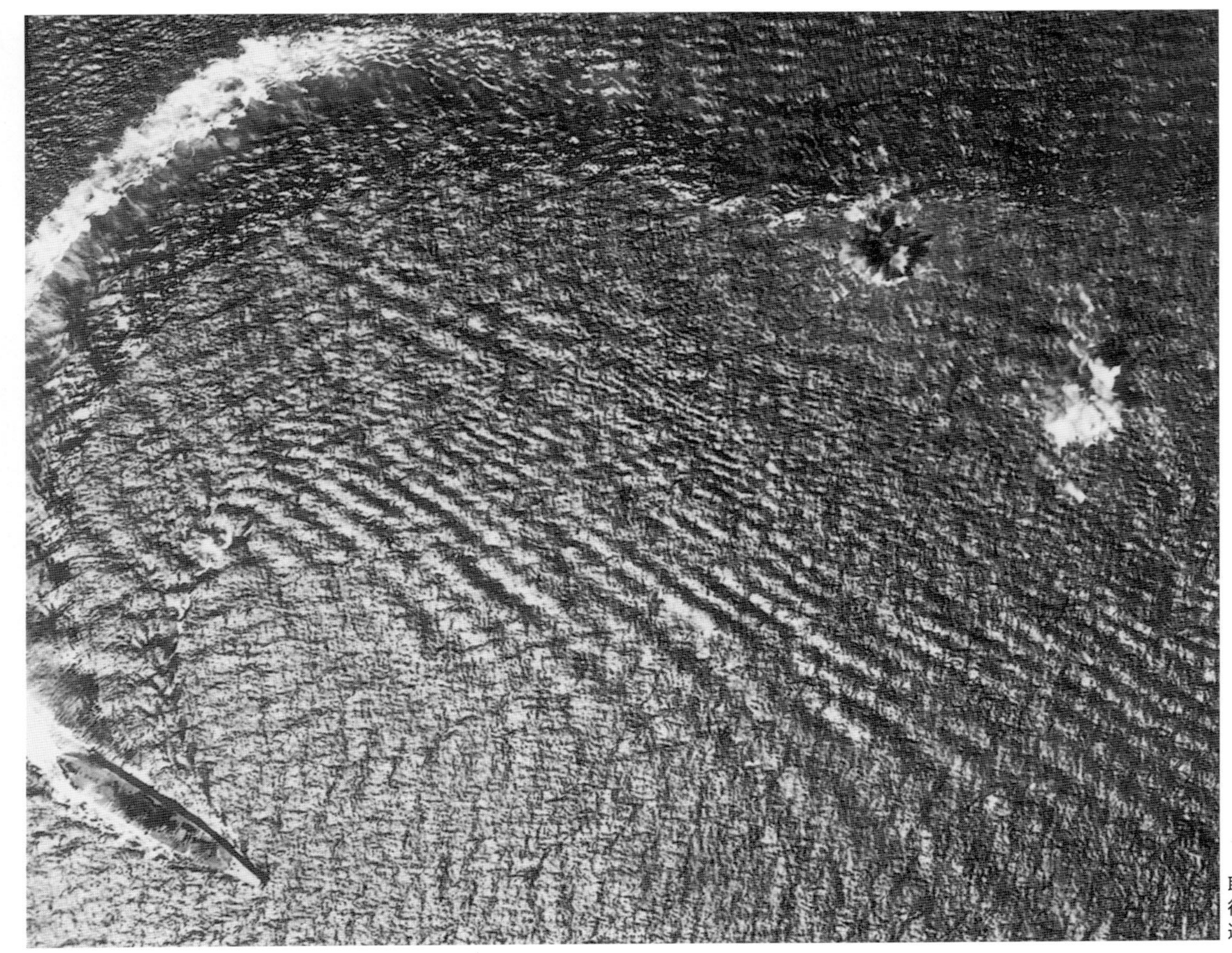

取舵一杯の航跡を描いて回避行動中の「大和」。海面は回避行動により波立っている

緊急、取舵一杯で爆撃を回避する「大和」（右端中央）

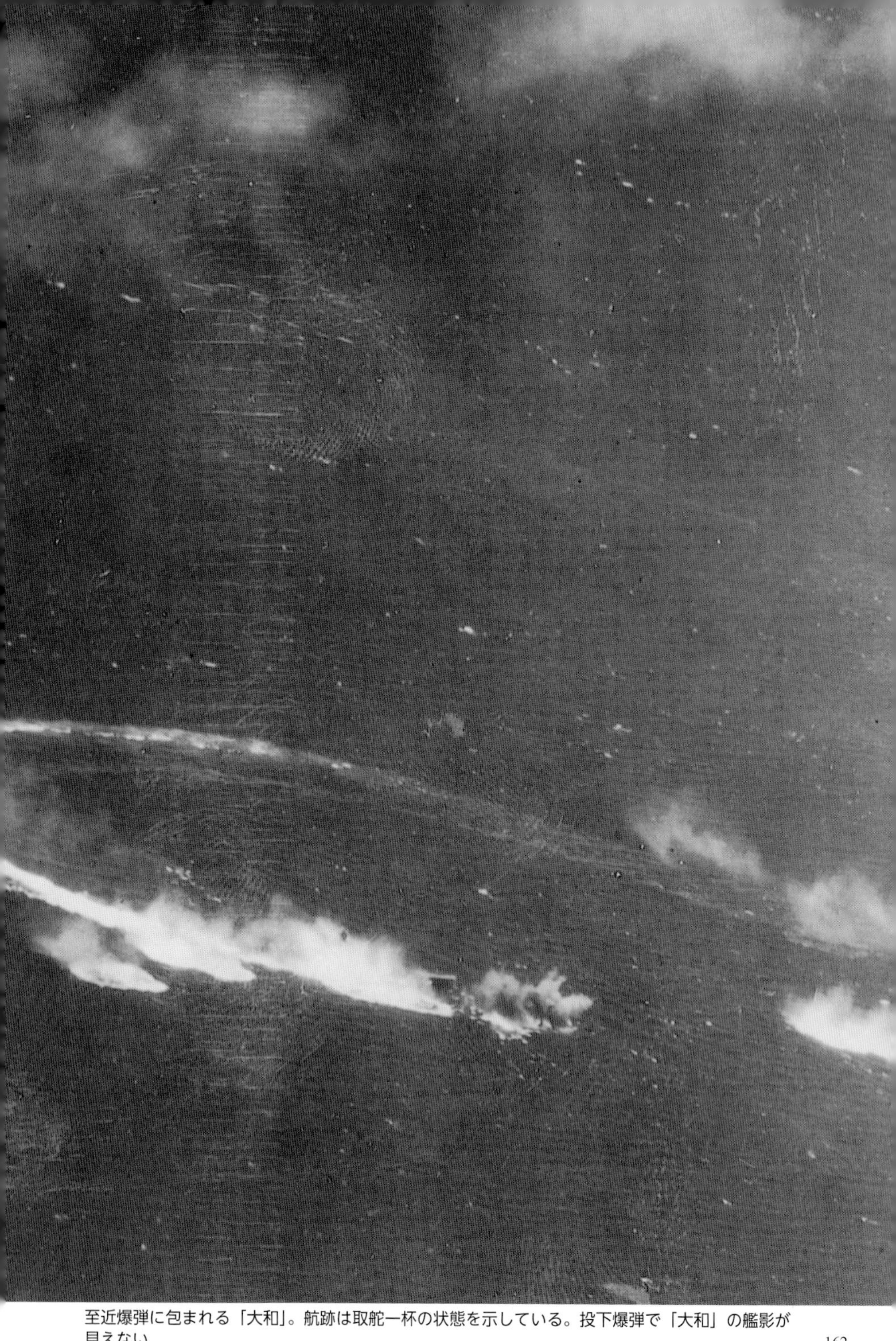

至近爆弾に包まれる「大和」。航跡は取舵一杯の状態を示している。投下爆弾で「大和」の艦影が見えない

至近爆弾の爆風と水柱に襲われている「大和」遥か彼方の海面には着弾による波紋が広がっている

スル海を左に旋回する「大和」の直上からのショット。海面に描く白い航跡は「大和」が全力を出していること示してる。艦尾の彼方に着弾の爆煙が上がっている

10月26日午前11時15分、北緯10度45分、東経121度35分の地点で撮影された「大和」の全貌。広い最上甲板には、多数増備されたという25㎜単装機銃の姿が見当たらない。「軍艦大和戦闘詳報第三号」には、「10時41分、220度方向に大型機見ゆ。10時53分、艦首B-24　27機。対空射撃開始。10時55分、取舵回避、至近弾10数発、11時右正横B-24　5機撃墜。射撃止む。11時8分、190度一斉回頭」と記録されている

1944（昭和19）年11月16日11時06分、ボルネオ島ブルネイ湾に空襲警報が発令された。米機B-24とP-38が来襲した。前日に聯合艦隊司令部から「第１遊撃部隊『大和』『長門』『金剛』、第17駆逐隊4隻は、燃料満載のうえ内地（日本）に回航、所属軍港で急速整備を実施すべし」の報を受けていた。「大和」は、主砲対空弾三式焼霰弾を距離20,000メートルで10斉射した。2機のB-24白煙を吐くのが観測された。翌日18時30分、内地に向けブルネイ湾を後にした

第5部

広島湾の戦い（1945年）

1945（昭和20）年3月18日、第58.3任務群の写真偵察機と空母「エンタープライズ」の夜間偵察機が、瀬戸内海に所在する日本艦艇を確認した。第58任務部隊指揮官は、呉軍港の港湾施設、そして補助目標として神戸への攻撃を決断した。出撃数は300機、19日呉軍港への大規模な空襲があり、09時15分「大和」は岩国市東南方面広島湾海面で交戦した。海軍艦艇被害記録「至近弾を受け方位盤の防震装置が不具合になったので測距儀と共に陸揚げ修理を要する」

1945（昭和20）年3月28日、B-29が撮影した呉軍港。在泊艦艇の存在を暴露した呉軍港を中心に江田島（海軍兵学校）、そして飛渡ノ瀬、音戸、豊栄新開、工員宿舎、広西大川、呉航空隊、広海軍工廠、第十一海軍航空廠など一帯の俯瞰

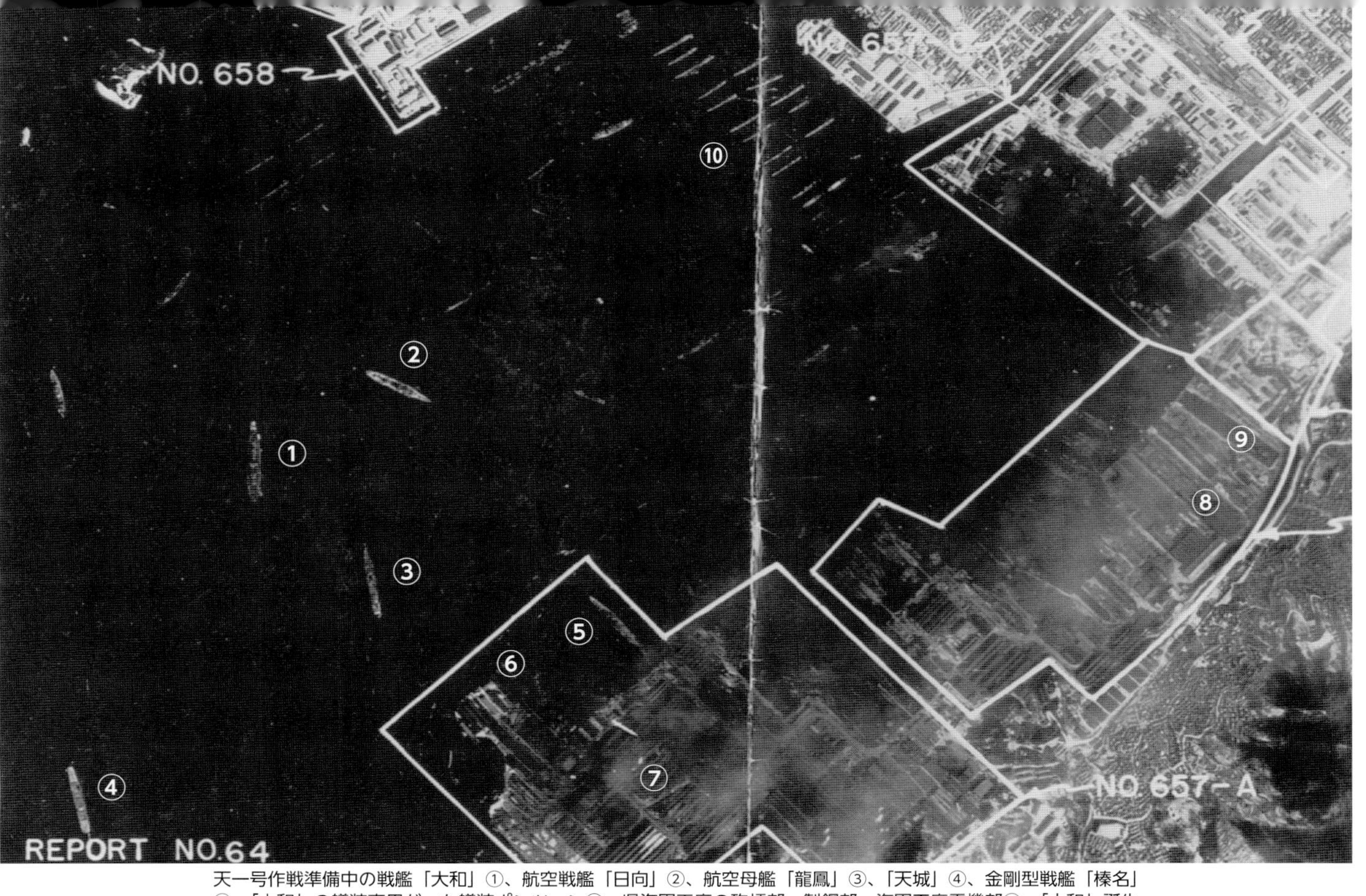

天一号作戦準備中の戦艦「大和」①、航空戦艦「日向」②、航空母艦「龍鳳」③、「天城」④、金剛型戦艦「榛名」⑤、「大和」の艤装専用だった艤装ポンツーン⑥、呉海軍工廠の砲熕部・製鋼部・海軍工廠電機部⑦、「大和」誕生の屋根付き造船ドック⑧、修理用第4ドック⑨、上方には潜水艦13隻⑩などの存在が確認された

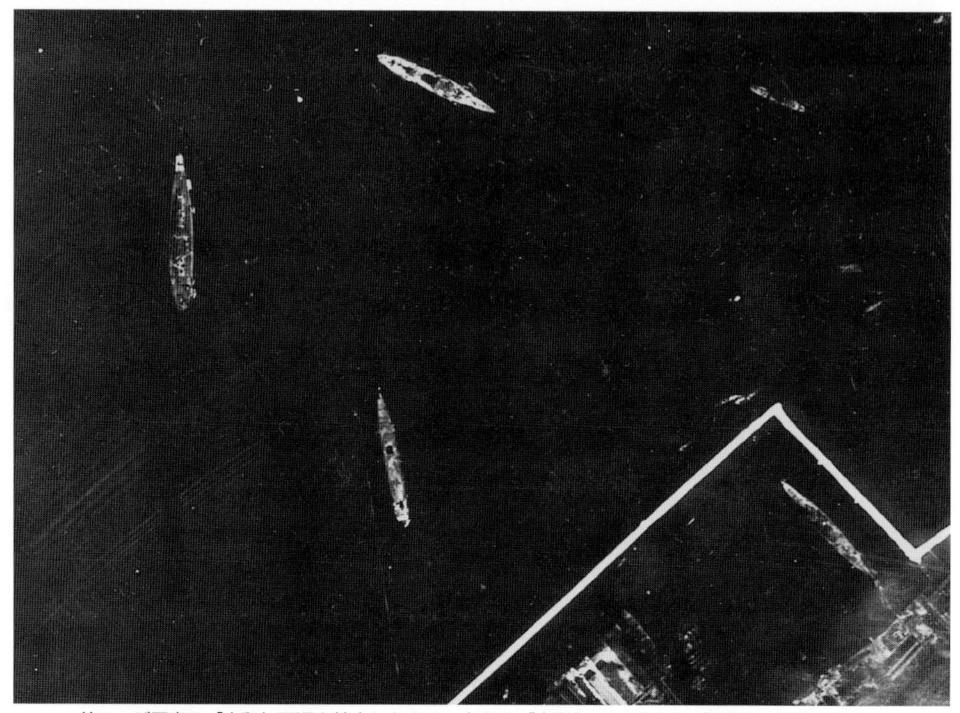

前ページ写真の「大和」周辺を拡大したもの。左から「大和」、その右方に「日向」、両艦の下方に「龍鳳」。右下に「榛名」

1945（昭和20）年3月19日、「大和」攻撃の米軍航空隊進路（米軍資料）

広島湾での対空戦闘　1945年3月19日

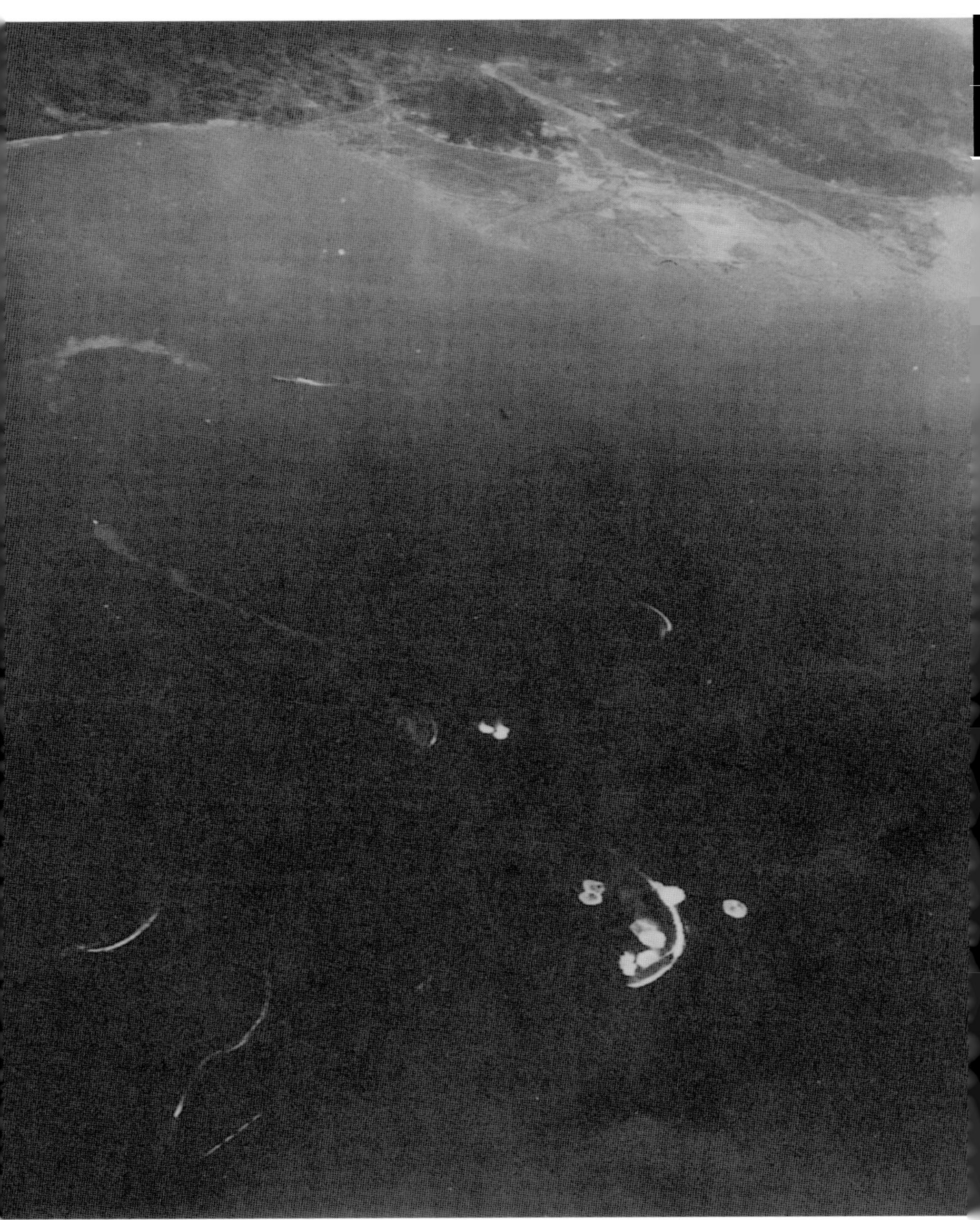

1945（昭和20）年3月19日、広島湾で対空戦闘中の「大和」。空母「ベニントン」所属第82爆撃中隊SB2C-4&4E 11機は、広島県呉軍港西方に「大和」と直掩駆逐艦「冬月」「涼月」「花月」「霞」「花月」「杉」「樫」「桐」を襲った。この時、対空戦闘の指揮を執ったのは、測的分隊長江本義男大尉であった

至近爆弾に包まれ危機一髪の「大和」。高度610mから「大和」めがけ7機が各2発、4機は各3発を一斉投下した

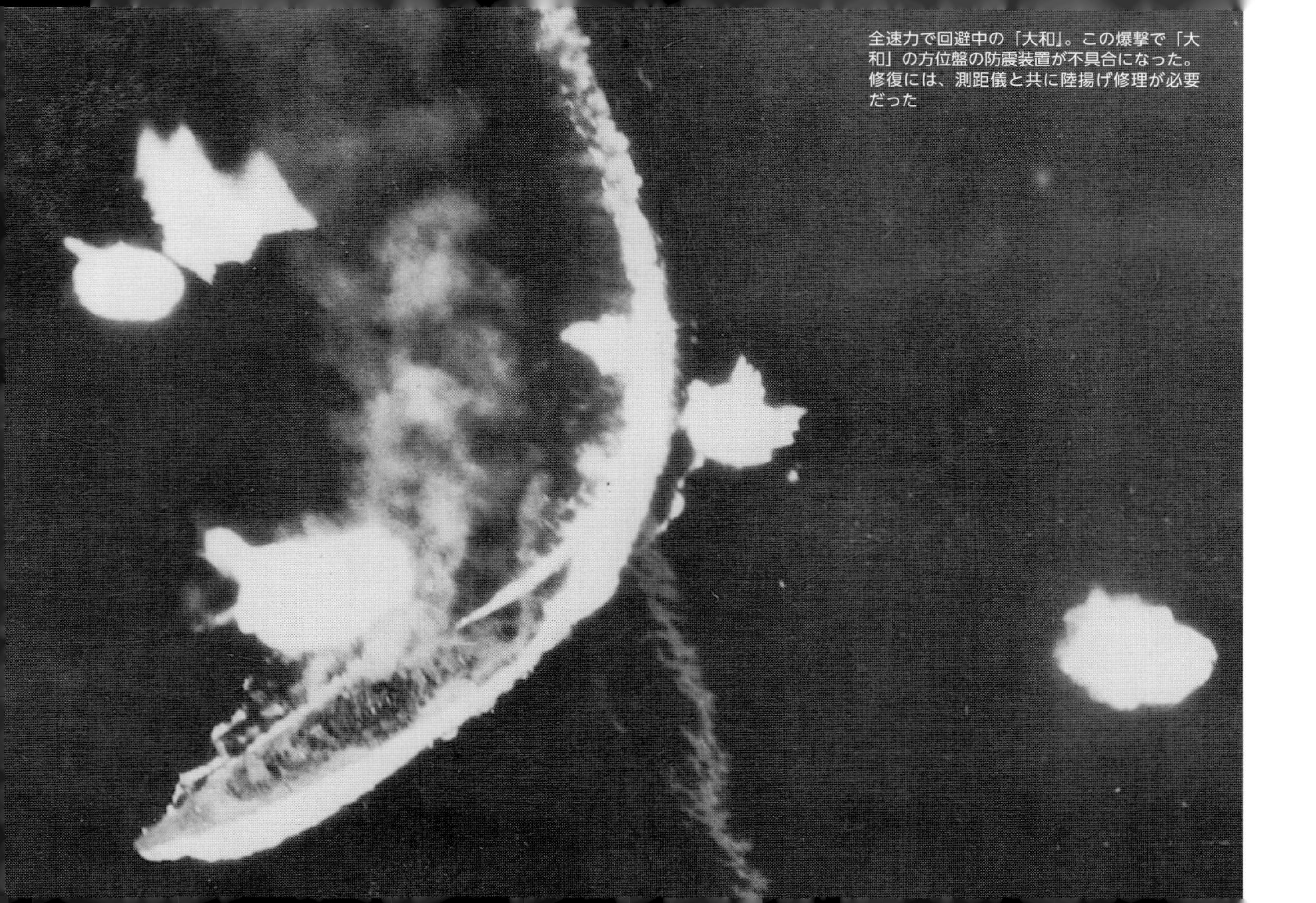

全速力で回避中の「大和」。この爆撃で「大和」の方位盤の防震装置が不具合になった。修復には、測距儀と共に陸揚げ修理が必要だった

1945（昭和20）年3月19日、米軍機がK-20カメラで撮影した山口県岩国沖で対空戦闘中の「大和」。左から黒島、保高島、横島、手島、小柱島、瑞島、柱島、長島、津和地島、膨島、大見山。彼方は四国の山々

◆付録

航空母艦「信濃」——悲運の大和型３番艦

「大和」「武蔵」行動年表

東京湾の航空母艦「信濃」（第110号艦）。横須賀工廠の大船渠並びに新設船殻工場の建設と並行して、1940（昭和15）年5月に起工された。しかし、その運命は波乱に満ちていた

横須賀工廠ドック内の「信濃」（丸印）。ミッドウェー作戦での主力空母喪失の結果、本艦は大和型戦艦3番艦から航空母艦に転用された〈by courtesy of STEVE WIPER & DON MONTGMERY〉

横須賀軍港沖3番ブイに繋留中の「信濃」（丸印）。1944（昭和19）年11月28日、空母「信濃」は17駆逐隊3隻の護衛のもと内海西部に向け出航した。29日、曇、北西の風、風速10-15m、視界5km。29日03時30、「信濃」各艦へ「われ魚雷を受けたり……」。10時27分、「信濃」信号「今より総員退去す」。右に大傾斜、横転、艦底を露出し艦尾から沈みはじめた。護衛艦乗員は真昼の海上に消えていく「信濃」を、白昼夢をみる思いで見つめた。10時57分、「信濃」は潮岬111度55海里に急速に沈没。「信濃」の最期は、海軍大臣から天皇に奏上された。天皇は「おしいことをした」とだけおっしゃった

戦艦「大和」行動年表

昭・月・日	
12・8・21	製造訓令発令
12・11・4	呉工廠造船渠にて「第1号艦」として起工。
15・8・8	進水式「大和」と命名。
16・9・5	艤装員長宮里秀徳大佐着任（11・5 呉工廠人事部長）
16・11・1	艤装員長高柳儀八大佐着任
16・12・16	竣工引き渡し式、艤装員長高柳儀八大佐は艦長となる。艦隊区分聯合艦隊第1艦隊第1戦隊、軍隊区分聯合艦隊主隊に編入、全作戦支援任務に就いた。本籍呉鎮守府
16・12・21	柱島へ回航。警泊、訓練に従事
17・2・12	聯合艦隊旗艦となる
17・5・29	柱島出港。ミッドウェー海戦に参加
17・6・14	柱島帰投。警泊、訓練に従事
17・8・5	聯合艦隊第1戦隊に編入
17・8・17	柱島出港（ソロモン作戦支援のため）
17・8・28	西太平洋トラック島（現在のミクロネシア連邦チューク諸島）入港。警泊、訓練整備に従事
17・12・17	艦長松田千秋大佐着任
18・2・11	聯合艦隊旗艦を武蔵に移揚
18・5・8	トラック出港。内地に向かう
18・5・13	柱島入港。14日、呉へ回航。入渠準備
18・5・21	呉工廠第4号船渠に入渠。30日、出渠、
18・7・12	呉工廠に再入渠。2号電波探信儀1型、2号電波探信儀2型装備、1号電波探信儀3型仮装備
18・7・17	出渠、整備作業
18・7・21	呉出港。速力試験、出動訓練に従事、29日、電波探信儀利用射撃実施
18・8・16	呉出港。23日、トラック入港。警泊
18・9・7	艦長大野竹二大佐着任
18・10・17	トラック出港。19日、マーシャル諸島ブラウン（エニウェトク）着。警泊
18・10・23	ブラウン発。26日、トラック入港。警泊
18・12・12	横須賀に向けトラック出港。17日、横須賀入港
18・12・20	トラックに向け横須賀出港
18・12・25	トラック西方で米潜水艦の雷撃3本を受け、第3番主砲塔付近吃水線下1・2メートル装甲鈑下縁付近に1本命中、同上部火薬庫付近および機械室に浸水、一時的に第3番主砲塔は使用不能に陥った。人員載貨には異常なかった。同日、トラック入港。警泊
19・1・10	呉に向けトラック出港。16日、呉入港
19・1・25	艦長森下信衛大佐着任
19・1・28	損傷個所調査のため呉工廠第4船渠に入渠
19・2・3	同出渠。25日、第2艦隊第1戦隊に編入
19・2・25	呉工廠にて再入渠。修理および改造工事
19・3・18	同出渠。整備作業に従事
19・4・11	呉出港。伊予灘にて諸公試。柱島警泊
19・4・12	第2艦隊第1戦隊第1小隊に編入
19・4・17	呉へ回航。輸送物件搭載、補給
19・4・21	フィリピン・マニラに向け呉出港。26日、マニラ入港
19・4・28	シンガポール南方100海里のリンガ泊地に向けマニラ出港
19・5・1	リンガ泊地着。訓練に従事
19・5・11	スル海とセレベス海の境にあるタウイタウイに向けリンガ泊地発
19・5・14	タウイタウイ投錨
19・5・20	「あ」号作戦開始。機動艦隊前衛に編入
19・6・10	第3次渾作戦部隊タウイタウイ出港。12日、ハルマヘラ島バチヤン湾投錨
19・6・13	「渾作戦中止、原隊復帰」の命により機動艦隊に合同すべく決戦海面に向かう
19・6・17	機動艦隊に合同。前衛右翼第11群に占位
19・6・20	マリアナ沖海戦 敵編隊に向け初めて主砲発砲（三式焼霰弾・秘匿名三式通常弾）
19・6・22	沖縄本島中城湾に入港
19・6・23	フィリピン・ギマラス行きを変更、内地に向け出港
19・6・24	柱島投錨。
19・6・29	呉に回航。25番ブイに係留
19・7・8	甲部隊第1戦隊呉出港。陸軍部隊輸送。大分県臼杵湾に入泊
19・7・9	臼杵湾出港。中城湾に向かう
19・7・10	沖縄島中城湾入泊。駆逐艦に補給。同日、中城湾出港
19・7・16	リンガ第1警泊地着

19・7・17　陸軍輸送物件揚陸

19・7・19　転錨・対潜水艦教練、電探射撃、対空射撃訓練などに従事

19・8・1　距離2万7000メートルの主砲射撃実施

19・8・15　密集輪形陣の対空教練実施

19・8・20　電探射撃の研究会開催。夜戦泊地突入訓練実施

19・8・22　仮称2号電波探信儀2型改4換装（対水上哨戒班専修者充てる）。完備状態で捷一号作戦に臨む中少尉（水）または兵曹長1人を配員する。仮称超短波電波探知機、仮称極調短波電波探知機（3人、掌電測兵（普通））

19・9・1　「武蔵」と曳航、被曳航訓練実施

19・9・6　第1遊撃部隊全部隊の夜戦泊地突入作戦実施

19・9・26　対潜訓練、警戒航行、接敵序列の変更、輪形陣の回避運動実施

19・10・1　リンガ泊地出動、陣形の変換、対潜訓練実施。シンガポール南方ガラン第3錨地着

19・10・2　「大和」「武蔵」乗組員を3組に分けシンガポール休養。6日、全乗組員の休養終了

19・10・11　緊急戦闘部署教練実施

19・10・18　ガラン錨地をボルネオ島（カリマンタン島）北部ブルネイ泊地に向け発。露天甲板を黒色に塗装

19・10・20　ブルネイ泊地入港。右舷に「能代」「岸波」「長波」「朝霜」「藤波」「濱波」、左舷に「沖波」「時雨」「秋霜」「早霜」「清霜」「島風」を横づけ、重油を供給。供給量2556トン。背景はキナバル山

19・10・21　左舷中部に雄鳳丸を横づけ、重油3435トンを搭載

19・10・22　ブルネイ発。フィリピン中部レイテ湾に向かう

19・10・23　南シナ海パラワン水道付近にて旗艦「愛宕」「摩耶」被雷により沈没。第1遊撃部隊旗艦となる

19・10・24　フィリピン中部・シブヤン海において対空戦闘。13時42分、中型爆弾1個舷側直撃　被害場所左舷側70番梁に命中。14時23分、中型爆弾1個直撃　前甲板左錨鎖車左舷側命中、各甲板貫通水線下で炸裂。至近弾の弾片・爆風により船体に破孔

19・10・25　サマール島東岸沖追撃戦において米護衛空母群に主砲・副砲を発砲。07時55分、兵員烹炊所天井に中口径砲弾1発直撃・盲弾。昼間対空戦闘において至近弾弾片、爆風ならびに激動により破孔32個

19・10・26　スル海北部クーヨー水道において08時45分、大型爆弾2個直撃。1弾は前部63番梁右寄りに命中、最上甲板貫通（3区応急員3人戦死）、上甲板にて炸裂。2弾目は主砲塔支基直前に命中、最上甲板で炸裂。27機のB－24と対峙。13機から投下爆弾36個、至近弾弾片83個、爆風および激動により兵器、1番副砲砲身損傷、機銃覆塔破孔3件、1番探照燈ガラス遮光装置破壊使用不能、発砲電路系に被害。破孔19個。B－24撃墜3機、被弾14機、戦死12名

19・10・28　ブルネイ入港。燃料補給

19・11・8　ブルネイ出港。オルモック輸送作戦（多号作戦）間接支援のためパラワン島西方に向かう

19・11・9　バルバック水道でB－24を1機発見、主砲対空弾2斉射

19・11・11　ブルネイ入港

19・11・15　第1戦隊解隊。第2艦隊の独立旗艦。御室山丸に横づけ2800トン補給

19・11・16　ブルネイ湾内で来襲のB－24に対し10斉射。出港、内地に向かう

19・11・24　呉に帰投。呉工廠第4船渠に入渠。

19・11・25　艦長有賀幸作大佐着任。前艦長森下信衞少将は第2艦隊参謀長に艦内転任

19・12・23　伊藤整一中将第2艦隊司令長官として着任

20・1・1　第2艦隊第1戦隊に編入

20・1・3　呉工廠出渠。

20・2・10　第2艦隊第1航空戦隊に編入

20・3・19　広島湾岩国今津川沖で米軍機11機と対空戦闘（兜島付近）

20・4・5　海上特攻として沖縄突入作戦を受領。燃料搭載

20・4・6　「大和」「矢矧」41駆逐隊（「冬月」「涼月」）、17駆逐隊（「磯風」「濱風」「雪風」）、21駆逐隊（「朝霜」「初霜」「霞」）は徳山湾沖出撃

20時00分　豊後水道通過、深島南端の140度2・5海里において140度に変針、速力22ノットで一斉回頭して之字運動を行なう

20・4・7

03時45分　0300　大隅海峡を通過

08時40分　佐多岬の193度8海里において280度に変針

10時14分　150度方向40キロメートルに敵艦上機7機を認む
230度45キロメートルに敵飛行艇2機が触接せるを認む。
180度に右一斉回頭

10時17分　触接機に対し主・副砲射撃開始

10時18分	射撃をやめ（触接機を雲中に見失う）
11時10分	180度方向5キロメートルに先の触接機を発見。240度に右一斉回頭、速力24ノット
11時29分	205度に左一斉回頭し予定航路に向かう
11時45分	之字運動再興
12時22分	250度45キロメートルに大島輸送隊を認む
12時32分	150度方向50キロメートルに敵艦上機150機を認め、之字運動をやめる。飛行機に射撃開始
12時30分	「バンカーヒル」F4U－1D×14機、高度460メートルから230キロ通常爆弾14発、ロケット弾112発、戦果不明
12時30分	「ベニントン」SB2C－4×4機　高度300～760メートル投下450キロ半徹甲爆弾8発、機銃掃射205発。中央部、前艦橋基部、後檣後方、命中3発以上
12時40分	「ホーネット」TBM－3×8機、空中魚雷Mk13改6&7、深度6メートル、命中4本
12時45分	「ホーネット」SB2C－3×7機　高度300メートル投下450キロ徹甲爆弾5発と半徹甲爆弾5発、命中4発。煙突後方に2発、艦首部1発、前艦橋基部1発
12時37分	SB2C－3
12時45分	「ベローウッド」TBM－3×1機230キロ通常爆弾4発、高度460メートル「大和」艦上で投下、戦果未確認
12時58分	「バンカーヒル」TBM－3×14機（投下前に1機被撃墜）深度5・5～7メートル、命中9本
13時00分	「エセックス」SB2C－4E×12機、高度460～760メートル450キロ徹甲爆弾22発と半徹甲爆弾2発、命中8発
13時00分	「エセックス」TBM－3×13機、空中魚雷Mk13改6&9×13本、命中4本
13時00分	「バターン」F6F－5×1機、230キロ通常爆弾2発、投下210メートル、未確認
13時08分	「バターン」TBM－3×8機、空中魚雷Mk13改2A×8本、機銃掃射400発、深度命中4本
13時20分	「カボット」TBM－3×9機　空中魚雷Mk13改2A×9本、命中2本
13時35分	「イントレピッド」F4U－1D×4機450キロ通常爆弾3発、機銃掃射1600発、投下高度270～300メートル、命中1発、至近弾2発
13時35分	「イントレピッド」SB2C－4E×14機450キロ半徹甲爆弾13発と230キロ半徹甲爆弾14発、直撃左舷後部1、煙突後方1、艦中央部5、他に15発が命中もしくは至近弾
13時35分	「イントレピッド」TBM－3×1機、空中魚雷Mk13改9、深度3メートル、左舷煙突後方命中
14時10分	「ヨークタウン」TBM－3×6機、空中魚雷Mk13改6、7&9、深度6～6・7メートル、左回頭する「大和」右舷艦首と正横を狙い4機の横陣雷撃、直後後続の2機が個々に雷撃
14時17分	左舷中部に魚雷1本命中、傾斜急激に増加
14時20分	傾斜、左へ20度
14時23分	大傾斜、前部弾火薬庫誘爆、船体を3つに分割轟沈。第2艦隊司令部伊藤整一中将、艦長有賀幸作大佐以下乗組員2498名は艦と運命を共にした。生存者276名　沈没地点北緯30度43分、東経128度04分
20・4・20	聯合艦隊付属に編入
20・8・31	除籍

戦艦「武蔵」行動年表

年月日	事項
12・9・8	第二号艦（A140－F6）正式受注。原契約額5265万円、その後司令部施設改正と副砲塔防禦増強による追加工事により6490万円となった
13・3・29	三菱長崎造船所ガントリークレーン装備第二船台にて起工。船台を棕櫚縄製簾で全面遮蔽
15・11・1	進水式。海軍大臣が「武蔵」と命名（起工より949日目）。巨体を長崎港に浮かべ、向島艤装岸壁に係留された。砲塔上部に秘匿用の上屋根が取り付けられる
16・7・2	被曳航で回航。佐世保海軍工廠第七号船渠に入渠（主砲・副砲などの芯出検査、諸兵器台の精削、主舵・推進軸・推進器の取付、艦底塗装工事）
16・7・31	第七号船渠から出渠。渠口に係留
16・8・1	曳船（特務艦「知床」）により曳航。長崎造船所向島岸壁に係留。諸兵器搭載工事
17・5・20	呉回航。21日、呉軍港26号浮標に係留
17・5・26	呉海軍工廠第4号船渠に入渠。6月9日、出渠
17・6・18	予行運転開始。初めの竣工期日は17年12月28日であったが、砲塔アーマー入手、国際関係緊迫化、艦船造修規則改正、戦争勃発により同年6月10日に繰上げ、副砲防禦力増強・司令部施設改正、機銃増備により一転工期延長となった
17・8・5	前甲板で臨検調書と認定文書が手交され竣工引き渡し式、後甲板で軍艦旗掲揚式。正式に軍艦「武蔵」となる（起工より1587日）。艦長有馬馨大佐。艦隊区分聯合艦隊第1戦隊、軍隊区分主力部隊に編入、任務全作戦支援に就く。本籍横須賀鎮守府。諸物件搭載
17・8・10	柱島へ回航・警泊
17・8・18	出動訓練に従事
17・9・3	呉において残工事施工（28日まで）
17・9・28	柱島へ回航。
17・9・30	2号電波探信儀1型装備
17・10・2	出動訓練に従事
17・12・22	呉へ回航、綜合整備
17・12・26	柱島へ回航
17・12・28	出動訓練に従事。周防灘で主砲偏弾射撃、衝撃で電波探信儀使用不能
18・1・15	軍隊区分聯合艦隊主隊に編入、任務南太平洋方面作戦支援
18・1・18	トラックに向け呉発。22日、トラック着、春島と夏島の中間、「大和」の隣に投錨
18・2・11	聯合艦隊旗艦。大将旗掲揚。軍隊区分聯合艦隊主隊に編入。任務は全任務支援
18・5・17	山本五十六大将の遺骨を護送。トラック出港
18・5・22	木更津沖着。警泊。艦内で山本元帥の告別式。遺骨は「夕雲」に移乗横須賀へ
18・6・9	木更津沖発、横須賀へ回航。沖10番浮標に係留。補給整備作業
18・6・9	艦長古村啓蔵大佐着任
18・6・24	天皇陛下が「武蔵」に行幸。天皇旗掲揚。御酒と御紋付紙巻莨を下賜
18・6・25	呉に向け横須賀出港。27日呉入港。補給整備
18・7・1	呉工廠第4号船渠に入渠。8日、出渠、諸物件搭載
18・7・14	公試のため呉出港。同日、柱島着。警泊。25日、呉に帰投
18・7・30	呉出港、同日長浜沖着
18・7・31	トラックに向け長浜沖発
18・8・5	トラック入港。28日、礁内出動訓練
18・10・17	Z作戦要領丙第5法警戒。主隊旗艦（古賀峯一大将座乗）、「大和」「長門」「扶桑」以下邀撃部隊、機動部隊を率いて敵を求めトラック出撃、ブラウン（エニウエトク）に進出。19日、ブラウン着。警泊待機
18・10・23	ウェーキ島方面に向けブラウン出撃。索敵行動
18・10・26	丙作戦解除。トラックに帰投。警泊、所定作業
18・10・27	トラック泊地　警泊、所定作業。上陸外出時整列して三種器が点検
18・12・6	艦長朝倉豊次大佐着任
18・12・18	礁内出動訓練2日間。対空実弾射撃訓練、主砲発砲時の機銃員退避訓練、探照燈対爆風準備作業
18・12・20	トラック泊地　警泊、所定作業。右舷、左舷に分かれ上陸外出
19・1・25	礁内出動訓練。主砲演習弾による対水上曳航標的射撃訓練実施
19・2・4	米軍機トラックを初めて偵察。大和型戦艦「武蔵」を撮影
19・2・10	トラック発。15日、横須賀着。沖3番浮標に係留。整備補給、託送物件搭載
19・2・24	パラオに向け横須賀出港。出撃時の吃水から7万4000トン

と計算され、陸軍一個大隊、海軍特別陸戦隊一個大隊の軍需品、前線基地への託送品が搭載された。吃水線1メートルの沈下重量は平均650トンの排水トン数。

年月日	事項
19・2・25	暴風雨と激浪に翻弄され警戒駆逐艦「白露」は怒濤に船体破損同行不可、本艦1軸、最微速運転で暴風を切り抜けた。舷窓から海水が浸入
19・2・29	パラオ島コロール泊地マラカル島沖左錨鎖投錨。警泊、所定作業
19・3・29	艦隊区分第1機動艦隊・第2艦隊第1戦隊、軍隊区分遊撃部隊に編入。任務泊地警戒、敵兵力撃破。パラオ所属艦艇に退避命令。将旗を降下、司令部は陸上で指揮を執る。本艦パラオ礁外西水道通過、約30分後に米潜水艦の雷撃を受け、左舷27番梁水線下6メートルに命中。前部揚錨機室満水、被害箇所を補強、航行に支障なく外洋退避作戦を変更して呉回航・修理となる。戦死7名、戦傷11名。慰霊祭執行
19・3・31	聯合艦隊司令長官古賀峯一大将以下司令部遭難
19・4・3	呉入港。10日、呉工廠第4号船渠に入渠。損傷個所復旧および副砲塔左右両舷の撤去、対空装備強化工事など訓令工事施行（高角砲装備間に合わず、25㎜3連装機銃18基、単装機銃25梃および電探2号2型、1号3型装備）機銃射撃装置12基関連装置増設。4月27日、出渠
19・5・1	呉にて整備補給、輸送物件搭載
19・5・4	諸試験のため呉出港。伊予灘において機銃試射、電探公試
19・5・5	八島沖着。仮泊
19・5・10	諸訓練のため八島沖発。同日、佐伯湾着
19・5・11	タウイタウイ泊地に向け佐伯出港
19・5・12	沖縄中城湾仮泊。1845中城湾発
19・5・16	タウイタウイ泊地着。待機、機銃操法の訓練
19・5・22	本艦第2内火艇派遣、泊地西口方面警戒、爆雷投下1個。24日、応急訓練実施
19・6・2	礁内出動訓練。6日、応急訓練実施
19・6・10	ハルマヘラ諸島バチャン島に向けタウイタウイ泊地出撃。第3次渾部隊に編入
19・6・12	バチャン島サムバキ湾着。5戦隊、16戦隊、第10戦隊と合同。「第二栄洋丸」より補給の際に衝突され24番機銃破損、突貫作業で修復
19・6・13	電令作147号により渾作戦中止、「あ」号作戦決戦用意。サムバキ湾出撃、第1機動艦隊主隊との合同のため、決戦海面に向かう
19・6・14	本艦搭載の1号機収容に際し左浮舟が外れ転覆。搭乗員は救助
19・6・16	第1補給部隊「國洋丸」より燃料曳航補給
19・6・17	第3航空戦隊の前衛となる
19・6・20	マリアナ沖海戦2日目。第3航空戦隊の援護。主砲対空弾発砲一斉射
19・6・21	敵機に向け発砲
19・6・22	沖縄島中城湾入泊、津堅島近くに投錨。仮泊23日同湾出港
19・6・24	柱島錨地帰投、1番浮標近くに錨鎖左投錨。29日、「大和」と共に呉回航
19・7・8	遊撃部隊主隊として呉出港。臼杵湾仮泊
19・7・9	臼杵湾出港。10日、中城湾着。「朝霜」「岸波」「沖波」「長波」に燃料補給。同湾発
19・7・16	リンガ泊地着。17日、陸軍物件を「瑞祥丸」に揚搭、揚搭完了
19・8・1	第1遊撃部隊に改称、「大和」「長門」と第1戦隊を編成。戦闘時の火災発生を防ぐため、艦内塗装の剥落とし、甲板に敷かれたリノリウムを剥がし。艦内は殺風景になる
19・8・12	艦長猪口敏平大佐着任
19・8・14	対潜訓練、電探射撃訓練。15日、密集輪形陣の対空教練
19・8・18	単独出動訓練。21日、対空教練
19・8・22	オートダイン方式電探をスーパーヘテロダイン方式に換装。24日、出動諸訓練。夜間、全艦消灯中、戦闘配置に就けの号令。火災発生防止、注排水訓練
19・9・1	「大和」と共に曳航被曳航。外舷砲による戦隊砲戦
19・9・7	第1戦隊出動、対空射撃、対陸上夜間砲撃訓練
19・9・10	捷一号作戦警戒下令
19・9・18	遊撃部隊各司令官、捷一号作戦計画の打ち合わせ実施
19・10・1	リンガ泊地出動。陣形の変換、対空・対潜訓練実施。リンガ泊地から北約48浬に位置するガラン錨地着。長門に便乗してシンガポールに半舷上陸
19・10・4	第2回シンガポール半舷上陸
19・10・9	単艦出動訓練。目標艦長門。12日、戦隊出動緊急戦闘部署教練
19・10・15	第1戦隊ガラン帰泊
19・10・18	第1遊撃部隊はボルネオ北岸のブルネイに向けガラン出港。捷

日時	事項
	一号作戦発動下令
19・10・20	ブルネイ着。「武蔵」に横付けした第10戦隊、「鳥海」に燃料移載。艦体の塗装実施
19・10・21	本艦に横付けした「八紘丸」から燃料移載。
19・10・22	午前8時、主隊第1、第2部隊の順にブルネイ泊地を出撃、レイテ湾に向かった。塗装により着飾り他艦に比し一段と目立った
19・10・24	米空母機との対空戦闘を開始した。戦闘後コレヒドール島の准士官以上でまとめた軍艦「武蔵」戦闘詳報は記録亡失に付、時刻は推定のものを記入していた。そこで時刻に関しては米軍攻撃記録を基準とした
24日　10時	敵機40機（実際は44機）を発見し、間もなく右正横上空の密雲中に見失う。とうじ上空には巻積雲があって敵機発見は至難の状況だった
10時30分	空母「イントレピッド」1A攻撃。31機。SB2C－3×8機。450キロ半徹甲爆弾3発、同徹甲爆弾3発、同通常爆弾1発計7発を高度760メートルで投下。命中4発、至近弾3を記録、1機は爆弾投下に失敗。3機が被弾、そのうち1機は母艦への着艦時に飛行甲板に激突して失われた。F6F－5×8機12．7ミリ機銃掃射、3185発。TBM－1C×6機。空中魚雷マーク13改2A×5本（深度2．4メートル）を投下、命中2本。2機は「武蔵」上空で被弾して機体は四散した。戦死6名。空母「カボット」TBM－1C×2機。空中魚雷マーク13改2A×2本投下。戦果不明。被弾した2機の内、1機は炎に包まれ、海上に不時着。戦死3名。1名負傷
11時45分頃	空母「イントレピッド」2B攻撃。SB2C－3×8機。450キロ半徹甲爆弾4発、同徹甲爆弾4発、45キロ通常爆弾16発計24発を高度610メートルで投下。命中3発（確実）。他に3発の可能性。被撃墜2機、被弾4機、戦死4名。TBM－1C×9機。空中魚雷マーク13改2A×7本投下（2機は故障のため投下できず）。命中2本。1機が被弾後、海上に不時着。3名は後に救助された
14時00分	空母「エセックス」。F6F－3／5×2機。機銃掃射。SB2C－3×5機。450kg徹甲爆弾2発、同半徹甲爆弾3発計5発を高度610メートルで投下、命中3発。TBM－1C×6機。空中魚雷マーク13改6×6本（深度6．7メートル）を高度180～150メートル、気速250ノット、射程1400メートルで投下、命中3本
15時15分	33機。空母「エンタープライズ」。SB2C－3×9機。450kg半徹甲爆弾18発を高度550～760メートルで投下。命中11発。TBM－1C×8機。航空魚雷マーク13改2A×8本を高度244メートルで投下。命中8本
15時25分	34機。空母「フランクリン」。SB2C－3×3機。230キロ半徹甲爆弾6発投下、命中2発。TBM－1C×9機。航空魚雷マーク13改2A×9本を投下、命中1～3本。5機被弾、内2機が行方不明。戦死6名
15時30分	30機。空母「イントレピッド」2C攻撃。SB2C－3×7機。450キロ通常爆弾3発、同徹甲爆弾2発、同半徹甲爆弾1発、45キロ通常爆弾14発計20発を投下。3発命中。3機被弾、内1機は海上に不時着。負傷1名。TBM－1C×2機。空中魚雷マーク13改2A×1本を投下。もう1機は故障のため投下できず。1機被弾、負傷2名 「武蔵」被害：空中魚雷20本命中（右舷13本、左舷7本）、爆弾17発（右舷10発、左舷7発）、至近弾18個（右舷5、左舷13）と記録された。「武蔵」は2軸運転となる。これらの被害により左へ10度傾斜したが、注排水により傾斜は6度まで復原した。前後の傾斜は12度となり、艦首が著しく沈下して1番主砲塔左舷の最上甲板の一部は浸水状態となった。浸水は増加しつつあった
19時01分	傾斜は12度となり、艦長猪口少将は第2艦橋で副長加憲吉大佐に「最悪の場合の処置として御写真を奉還すること。軍艦旗を降ろすこと。乗組員を退去せしむること」を命じ、総指揮を引き継いだ。艦長と決別した副長は「総員集合」を命じ、「君が代」のラッパが吹かれ、静かに軍艦旗を降ろした。乗組員は各分隊毎に人員点呼、整列して指示を待った。副長は「退艦用意、自由行動をとれ」を命じた
19時30分	傾斜30度になり総員退去開始。傾斜は急激に増加し、転覆と同時に2回爆発音あり
19時35分	沈没。艦長猪口敏平少将以下1023名が艦と運命を共にした。生存者1376名。沈没地点は「清霜」の記録では、北緯12度48分、東経122度41分5秒
20・8・31	除籍

〈写真集の刊行にあたって〉

空前絶後の機密保持のもと建造されたという戦艦「大和」は多くの日本人の興味の対象であった。そして、世界最大の艦載砲46cm砲を搭載する「大和」は、日本人の誇りでもあった。戦う「大和」の姿は、勇敢な米軍の撮影によってその全貌が明らかになった。そしていま、その全てをここに見ることができる。「大和」よ、永遠なれ！

――原 勝洋

戦艦「大和」全写真

2023年4月7日 第1刷発行
2024年4月6日 第5刷発行

編 者 原 勝洋

発行者 赤堀正卓

発行所 株式会社 潮書房光人新社

〒100-8077
東京都千代田区大手町1-7-2
電話番号／03-6281-9891（代）
http://www.kojinsha.co.jp

装 幀 天野昌樹

印刷製本 サンケイ総合印刷株式会社

定価はカバーに表示してあります。
乱丁、落丁のものはお取り替え致します。本文は中性紙を使用

ISBN978-4-7698-1698-0 C0095